目　　录

实验报告要求

实验报告的内容应符合实验指导书的要求，包括以下内容：

(1)实验目的。

(2)实验的主要工作原理及原理图。

(3)为实现实验要求所采用的主要测试方法与所用仪器、元器件等(仪器名称、型号等)。

(4)测试结果(包括必要的计算、所测数据、曲线和波形等)。

(5)结论(包括实验结果分析、理论分析及产生误差的原因分析)。

(6)体会、思考题。

电路分析基础实验报告（1）

实验日期________评分________指导教师签字________

电路分析基础实验报告(2)

实验日期________评分________指导教师签字________

电路分析基础实验报告(3)

实验日期________评分________指导教师签字________

电路分析基础实验报告(4)

实验日期________评分________指导教师签字________

电路分析基础实验报告(5)

实验日期________评分________指导教师签字________

电路分析基础实验报告(6)

实验日期________评分________指导教师签字________

电路分析基础实验报告(7)

实验日期________评分________指导教师签字________

电路分析基础实验报告(8)

实验日期________评分________指导教师签字________

电路分析基础实验报告(9)

实验日期________评分________指导教师签字________

电路分析基础实验报告(10)

实验日期________评分________指导教师签字________

电路分析基础实验报告(11)

实验日期________评分________指导教师签字________

电路分析基础实验报告(12)

实验日期________评分________指导教师签字________

高等学校“十二五”规划教材

电路分析基础实验

王维斌　编

西北工业大学出版社

【内容简介】 本书的编写旨在培养和训练学生的实验能力。全书共分五个部分：第一部分介绍电路实验基本知识；第二部分介绍电路分析实验中常用的仪器仪表的工作原理和使用方法；第三部分为本书主要内容，介绍 11 个电路分析基础性实验；第四部分为综合性、设计性实验，用以在掌握基础实验的前提下，培养和提高学生对电路知识的综合应用能力；第五部分为附录，介绍常用电工实验装置和仪器仪表的使用方法以及常用电子元器件知识。

本书可作为普通高等学校计算机科学与技术、通信工程、自动控制、测控技术等专业本科生实验课教材。

图书在版编目(CIP)数据

电路分析基础实验/王维斌编．—西安：西北工业大学出版社，2011.8(2020.7 重印)
ISBN 978-7-5612-3172-2

Ⅰ.①电…　Ⅱ.①王…　Ⅲ.①电路分析—实验—高等学校—教材　Ⅳ.①TM133-33

中国版本图书馆 CIP 数据核字(2011)第 176908 号

出版发行：西北工业大学出版社
通信地址：西安市友谊西路 127 号　　邮编：710072
电　　话：(029)88493844　88491757
网　　址：www.nwpup.com
印 刷 者：陕西向阳印务有限公司
开　　本：787 mm×1 092 mm　1/16
印　　张：8
字　　数：186 千字
版　　次：2011 年 8 月第 1 版　　2020 年 7 月第 3 次印刷
定　　价：18.00 元

前　　言

电路是电类专业的一门重要的以理论应用性与技术实践性为鲜明特点的基础课程，与该课程配套的实验是整个教学过程中的重要组成部分。本书基于理论与实践并重的思想，在内容的安排上注重对学生基本实验技能的训练。旨在通过实验，使学生学会连接电路、电工测量、故障排除等实验技巧，掌握常用电工仪器仪表的基本原理、使用方法及数据的采集、处理和各种分析方法；培养学生用基本理论分析问题、解决问题的能力和严肃认真的科学态度，开发学生的创新与动手能力。

本书共选编了 11 个基础实验和 4 个综合性、设计性实验。在这些实验中，除含有传统的验证性内容以外，大部分实验任务的安排由浅入深、由易到难，从验证性的实验任务逐渐过渡到综合性的实验任务。在实际电路实验任务中，要求学生尽可能多而重复性地应用电压表、电流表、功率表、信号发生器和示波器等各种常规电工仪器仪表，目的是使学生在重复性的使用过程中，真正掌握这些仪器仪表，使之在后续的课程实验乃至未来的工程实践中能够得心应手地应用这些仪器仪表。在本书的编写中，笔者围绕电路实验的教学大纲，坚持“巩固理论，加强实践”的原则，力求使本书具有新颖性、实用性和先进性等特点。

本书由王维斌编写，仲瑞鹏进行校稿，电工教研组的全体同志参加了基础实验的修订工作。

由于水平有限，书中难免有错误和不当之出，敬请使用本书的老师和同学批评指正，提出改进意见，以便今后修订提高。

编　者

2011 年 6 月

目　　录

第一部分　电路实验基本知识

第一节　电路实验须知

一、电路实验的意义、目的和要求

1. 意义

电路是一门应用性很强的课程，而电路实验是该课程的重要教学环节之一。电路实验就是按教学、生产和科研的具体要求对所设计的电子线路进行安装、调试与测试的过程。在实验过程中，既能验证理论的正确性和实用性，又能从中发现理论的近似性和局限性。在实验过程中，往往可以发现新问题，产生新的设想。电路实验既促使了电子线路和应用技术的进一步发展，又培养了学生的创新意识和创造能力。

目前，电子技术的发展日新月异，新器件、新电路相继产生并迅速转化为生产力。要认识和掌握应用种类繁多的新器件和新电路，最为有效的途径就是进行实验。通过实验，可以分析器件和电路的工作原理，完成性能指标的检测；可以验证和扩展器件、电路的性能或功能的使用范围；可以设计并制作出各种实用电路、实用产品。可见，熟练掌握电子线路实验技术，对从事无线电技术工作的人员来说是至关重要的。

2. 目的和要求

电路实验可以巩固和加深学生对电子技术的基础理论和基本概念的理解，使学生受到必要的基本实验技能的训练，学会识别和选择所需的元器件，能够设计、安装和调试实验电路，分析实验结果，从而提高实际动手能力、分析问题和解决问题的能力。通过电路实验课程的学习，学生应达到下述要求。

(1)看懂基本电子线路图，具有分析电路的能力，具有合理选用元器件并构成小系统电路的能力。

(2)掌握查阅和利用技术资料解决实际问题的方法，具有分析和排除基本电子线路一般故障的能力。

(3)掌握常用电子测量仪器的选择、仪器说明书的使用和仪器的使用方法，掌握各种电信号的基本测试方法。

(4)能够根据实验任务拟定实验方案，独立完成实验，写出严谨的、有理论分析的、实事求是的、文字通顺和字迹端正的实验报告。

(5)具有严肃、认真的工作习惯和实事求是的科学态度。

(6)掌握实验室的安全用电知识。

二、电路实验环节

为了达到前述电路实验的预期目的和要求，必须做好实验前预习、进行实验和撰写实验报告等几个主要环节的工作。

1. 实验预习

实验能否顺利进行并收到预期的效果，很大程度上取决于实验前的预习和准备工作是否充分。因此，每次实验前，必须详细阅读实验指导书，明确本次实验的目的与任务，掌握必要的实验理论和方法，了解实验内容和实验设备的使用方法，在此基础上简要地写出实验预习报告。其内容包括：

(1)实验名称、日期、班级、姓名、学号。

(2)实验目的。

(3)完成预习要求，预期实验结果。

(4)实验原理(要求简明扼要)。

(5)实验电路图。

(6)实验设备。

(7)实验内容(只要求写实验项目和记录数据的表格、记录波形图的坐标)。

2. 实验过程

正确的操作程序和良好的工作方法是实验顺利进行的保证。因此，实验时要求做到：

(1)按编号入坐后，认真检查本次实验使用元器件的型号、规格和数量是否符合要求，检查所用电子仪器设备的状况。若发现故障，应报告指导教师，及时排除，以免耽误上课时间。

(2)认真听取指导教师对实验的介绍。

(3)根据实验电路的结构特点，采用合理的接线步骤。一般按"先串联后并联"，"先接主电路后接辅助电路"的顺序进行，以避免遗漏和重复。

(4)实验电路接好后，检查无误方可接入电源(注意：接入电源前要调整好电源，使其大小和极性满足实验要求)。要养成实验前"先接实验电路，后接通电源"，实验完毕后"先断开电源，后拆实验电路"的操作习惯。

(5)电路接通后，不要急于测定数据，要按实验预习时所预期的实验结果，概略地观察全部现象以及各仪表的读数变化范围，然后开始逐项实验。测量时，要有选择地读取几组数据(为便于检查实验数据的正确性，实验时应带计算器)。读取数据时，要尽可能在仪器仪表的同一量程内读数，减少由于仪器仪表量程不同而引起的误差。

(6)如实验中要求绘制曲线，至少要读取 10 组数据，而且在曲线的弯曲部分应多读几组数据，这样画出的曲线就比较平滑准确。

(7)测量数据经自审无误后送指导教师复核，经检查正确后才拆掉电路，以免因数据错误需要重新接线测量，而花费不必要的时间。

(8)实验结束后，应做好仪器设备和导线的整理以及实验台面的清洁工作，做到善始善终。

3. 实验报告

实验报告是实验工作的全面总结。写报告的过程，就是对电路的设计方法和实验方法加以总结，对实验数据加以处理，对所观察的现象、所出现的问题以及采取的解决方法加以分析和总结的过程。实验报告要求文理通顺、简明扼要、字迹端正、图表清晰、结论正确、分析合理。

对于工科大学生来说，撰写实验报告是一种基本技能训练。通过撰写实验报告，能够深化对技术基础理论的认识，提高技术基础理论的应用能力；提高记录、处理实验数据、分析与判断实验结果的能力；培养严谨的学风和实事求是的科学态度；锻炼科技文章的写作能力等。因此，撰写实验报告是实验工作不可缺少的一个重要环节，不可忽视。具体要求如下：

(1)在预习报告的基础上，对实验的原始数据进行整理，用适当的表格列出测量值和理论值，按要求绘制好波形图、曲线图等。

(2)运用实验原理和掌握的理论知识对实验结果进行必要的分析和说明，从而得出正确的结论。

(3)对实验中存在的问题进行讨论，并回答思考题。

4.课程设计的总结报告

课程设计的总结报告是对学生写科学论文和科研总结报告的能力训练。通过写报告，不仅把设计、组装、调试的内容进行全面总结，而且把实践内容上升到理论高度。总结报告应包括以下几点：

(1)课题名称。

(2)内容摘要。

(3)设计内容及要求。

(4)比较和选定的设计方案以及系统框图。

(5)单元电路设计、参数计算和器件选择。

(6)完整的电路图和电路的工作原理。

(7)组装调试的内容：

1)使用的主要仪器和仪表；

2)调试电路的方法和技巧；

3)测试的数据、波形以及与设计计算结果的比较和分析；

4)调试中出现的故障、原因及排除方法。

(8)总结设计电路的特点和方案的优、缺点，指出课题的核心及实用价值，提出改进意见和展望。

(9)列出系统需要的元器件。

(10)列出参考文献。

(11)收获和体会。

三、实验安全措施

为了人身与设备安全，保证实验顺利进行，进入实验室后要遵守实验室的规章制度和实验室安全规则。

1.人身安全

(1)实验时不得赤脚；各种仪器设备应有良好的地线。

(2)仪器设备、实验装置中通过强电的连接导线应有良好的绝缘外套，芯线不得外露。

(3)在进行强电或具有一定危险性的实验时，应有两人以上合作；测量高压时，通常采用单手操作并站在绝缘垫上。在接通交流 220 V 电源前，应通知实验合作者。

(4)万一发生触电事故，应迅速切断电源。如距电源开关较远，可用绝缘器具将电源线切断，使触电者立即脱离电源并采取必要的急救措施。

2.仪器安全

(1)使用仪器前，应认真阅读使用说明书，掌握仪器的使用方法和注意事项。

(2)使用仪器时,应按照要求正确接线。

(3)实验中要有目的地扳(旋)动仪器面板上的开关(或旋钮),扳(旋)动时切忌用力过猛。

(4)实验过程中,注意力必须集中。当嗅到焦臭味、看到冒烟和火花、听到劈声、感到设备过烫及出现保险丝熔断等异常现象时,应立即切断电源。在故障未排除前,不得再次开机。

(5)搬动仪器设备时,必须轻拿轻放;未经允许不得随意调换仪器,更不准擅自拆卸仪器设备。

(6)仪器使用完毕,应将面板上各旋钮、开关置于合适的位置,如万用表功能开关应旋至"OFF"位置等。

第二节　实验误差和数据处理

一、误差的定义

测量的目的:获得被测量的真值。

真值:在一定的时间和空间环境条件下,被测量本身所具有的真实数值。

误差:测量值与真值之间的差异。

所有测量结果都带有误差。

研究误差的目的,就是要正确认识误差的性质,分析误差产生的原因及其发生规律,寻求减小或消除测量误差的方法,识别出测量结果中存在的各种性质的误差,学会数据处理的方法,使测量结果更接近于真值。

二、误差的来源

(1)仪器误差:由于测量仪器及其附件的设计、制造、检定等不完善,以及仪器使用过程中老化、磨损、疲劳等因素而使仪器带有的误差。

(2)影响误差:由于各种环境因素(温度、湿度、振动、电源电压、电磁场等)与测量要求的条件不一致而引起的误差。

(3)理论误差和方法误差:由于测量原理、近似公式、测量方法不合理而造成的误差。

(4)人身误差:由于测量人员感官的分辨能力、反应速度、视觉疲劳、固有习惯、缺乏责任心等原因,而在测量中操作不当、现象判断出错或数据读取疏失等引起的误差。

(5)测量对象变化误差:测量过程中由于测量对象变化而使得测量值不准确,如引起动态误差等。

三、测量误差的分类

根据测量误差的性质,测量误差可分为随机误差、系统误差和粗大误差三类。

(1)系统误差。在同一测量条件下,多次重复测量同一量时,测量误差的绝对值和符号都保持不变,或在测量条件改变时按一定规律变化的误差,称为系统误差。

系统误差是由固定不变的或按确定规律变化的因素造成的。

(2)随机误差。在同一测量条件下(指在测量环境、测量人员、测量技术和测量仪器都相同的条件下),多次重复测量同一量值时(等精度测量),每次测量误差的绝对值和符号都以不可

预知的方式变化的误差，称为随机误差

(3)粗大误差。粗大误差是一种显然与实际值不符的误差，又称疏失误差。产生粗大误差的原因有：

1)测量操作疏忽和失误，如测错、读错、记错以及实验条件未达到预定的要求而匆忙实验等。

2)测量方法不当或错误，如用普通万用表电压挡直接测高内阻电源的开路电压，用普通万用表交流电压挡测量高频交流信号的幅值等。

3)测量环境条件的突然变化，如电源电压突然增高或降低、雷电干扰、机械冲击等引起测量仪器示值的剧烈变化等。

含有粗大误差的测量值称为坏值或异常值，在数据处理时，应剔除掉。

四、误差的表示方法

误差有绝对误差和相对误差两种表示方法。

(一) 绝对误差

(1) 定义。由测量所得到的被测量值 x 与其真值 A_0 之差，称为绝对误差，即

$$\Delta x = x - A_0 \tag{1-1}$$

式中，Δx 为绝对误差。此 Δx 既有大小，又有符号和量纲。

式(1-1)中的真值 A_0 是一个理想的概念，一般来说是无法得到的，所以实际应用中通常用十分接近被测量真值的实际值 A 来代替真值 A_0。实际值也称为约定真值，它是根据测量误差的要求，用高一级以上的测量仪器或计量器具测量所得之值作为约定真值，即实际值 A。因此，绝对误差更有实际意义的定义是

$$\Delta x = x - A \tag{1-2}$$

绝对误差表明了被测量的测量值与被测量的实际值间的偏离程度和方向。

(2) 修正值。与绝对误差的绝对值大小相等，但符号相反的量值，称为修正值，用 C 表示为

$$C = A - x \tag{1-3}$$

测量仪器的修正值可以通过上一级标准的检定给出，修正值可以是数值表格、曲线或函数表达式等形式。在日常测量中，利用其仪器的修正值 C 和该已检仪器的示值，可求得被测量的实际值

$$A = x + C \tag{1-4}$$

(二) 相对误差

绝对误差虽然可以说明测量结果偏离实际值的情况，但不能完全科学地说明测量的质量(测量结果的准确程度)，不能评估整个测量结果的影响。因为一个量的准确程度，不仅与它的绝对误差的大小，而且与这个量本身的大小有关。当绝对误差相同时，这个量本身的绝对值越大，则准确程度相对地越高，因此测量的准确程度需用误差的相对值来说明。

1. 相对误差 γ、实际相对误差 γ_A 和示值相对误差 γ_x

绝对误差与被测量的真值之比，称为相对误差(或称为相对真误差)，用 γ 表示，即

$$\gamma = \frac{\Delta x}{A_0} \times 100\% \tag{1-5}$$

相对误差只有大小和符号，没有单位。由于真值是不能确切得到的，通常用实际值A代替真值来表示相对误差，即

$$\gamma_A = \frac{\Delta x}{A} \times 100\% \tag{1-6}$$

式中，γ_A 为实际相对误差。

在误差较小、要求不太严格的场合，也可以用测量值 x 代替实际值A，称为示值相对误差，即

$$\gamma_x = \frac{\Delta x}{x} \times 100\% \tag{1-7}$$

2. 满度相对误差(引用相对误差)γ_m

实际中，也常用测量仪器在一个量程范围内出现的最大绝对误差 Δx_m 与该量程的满刻度值(该量程的上限值与下限值之差)x_m 之比来表示相对误差，称为满度相对误差(或称引用相对误差)，用 γ_m 表示，即

$$\gamma_m = \frac{\Delta x_m}{x_m} \times 100\% \tag{1-8}$$

由式(1-8) 可知，通过满度误差实际上给出了仪表各量程内绝对误差的最大值

电工仪表就是按引用误差 γ_{mm} 的值进行分级的。γ_{mm} 是仪表在工作条件下不应超过的最大引用相对误差，它反映了该仪表的综合误差大小。我国电工仪表共分七级：0.1，0.2，0.5，1.0，1.5，2.5 及 5.0。如果仪表为 S 级，则说明该仪表的最大引用误差不超过 S%。

因此，在使用这类仪表测量时，应选择适当的量程，使示值尽可能接近于满度值，指针最好能偏转在不小于满度值 2/3 以上的区域。

第三节　测量结果的处理

测量结果通常用数字或图形表示，本节分别进行讨论。

一、测量结果的数据处理

1. 有效数字

由于存在误差，所以测量资料总是近似值，它通常由可靠数字和欠准数字两部分组成。例如，由电流表测得电流为 12.6 mA，这是个近似数，12 是可靠数字，而末位 6 为欠准数字，即 12.6 为三位有效数字。有效数字对测量结果的科学表述极为重要。

对有效数字的正确表示，应注意以下几点：

(1) 与计量单位有关的“0”不是有效数字。例如，0.054 A 与 54 mA 这两种写法均为两位有效数字。

(2) 小数点后面的“0”不能随意省略。例如，18 mA 与 18.00 mA 是有区别的，前者为两位有效数字，后者则是四位有效数字。

(3) 对后面带“0”的大数目数字，不同写法其有效数字位数是不同的。例如，3 000 如写成 30×10^2，则成为两位有效数字；若写成 3×10^3，则成为一位有效数字；如写成 $3\ 000\pm1$，就是四

位有效数字。

(4) 若已知误差,则有效数字的位数应与误差所在位相一致,即有效数字的最后一位数应与误差所在位对齐。例如,仪表误差为 ±0.02 V,测得数为 3.283 2 V,其结果应写作 3.28 V。因为小数点后面第二位“8”所在位已经产生了误差,所以从小数点后面第三位开始后面的“32”已经没有意义了,写结果时应舍去。

(5) 当给出的误差有单位时,则测量资料的写法应与其一致。例如,频率计的测量误差为正负数千赫兹,其测得某信号的频率为 7 100 kHz,可写成 7.100 MHz 或 $7\ 100\times10^3$ Hz,写成 7 100 000 Hz 或 7.1 MHz 是不行的。

2. *数据舍入规则*

为了使正、负舍入误差出现的机会大致相等,现已广泛采用“小于 5 舍,大于 5 入,等于 5 时取偶数”的舍入规则。即:

(1) 若保留 n 位有效数字,当后面的数值小于第 n 位的 0.5 单位时就舍去。

(2) 若保留 n 位有效数字,当后面的数值大于第 n 位的 0.5 单位时就在第 n 位数字上加 1。

(3) 若保留 n 位有效数字,当后面的数值恰为第 n 位的 0.5 单位,则当第 n 位数字为偶数(0,2,4,6,8)时应舍去后面的数字(即末位不变),当第 n 位数字为奇数(1,3,5,7,9)时,第 n 位数字应加 1(即将末位凑成偶数)。这样,由于舍入概率相同,当舍入次数足够多时,舍入的误差就会抵消。同时,这种舍入规则使有效数字的尾数为偶数的机会增多,能被除尽的机会比奇数多,有利于准确计算。

3. *有效数字的运算规则*

当测量结果需要进行中间运算时,有效数字的取舍原则上取决于参与运算的各数中精度最差的那一项。一般应遵循以下规则:

(1) 当几个近似值进行加、减运算时,在各数中(采用同一计量单位),以小数点后位数最少的那一个数(如无小数点,则为有效位数最少者)为准,其余各数均舍入至比该数多一位后再进行加减运算,结果所保留的小数点后的位数,应与各数中小数点后位数最少者的位数相同。

(2) 进行乘除运算时,在各数中,以有效数字位数最少的那一个数为准,其余各数及积(或商)均舍入至比该因子多一位后进行运算,而与小数点位置无关。运算结果的有效数字的位数应取舍成与运算前有效数字位数最少的因子相同。

(3) 将数平方或开方后,结果可比原数多保留一位。

(4) 若计算式中出现 e,π 等常数,可根据具体情况来决定它们应取的位数。

二、测量结果的曲线处理

当分析两个(或多个)物理量之间的关系时,用曲线比用数字、公式表示常常更形象和直观,因此测量结果常要用曲线来表示。在实际测量过程中,由于各种误差的影响,测量数据将出现离散现象,如将测量点直接连接起来,将不是一条光滑的曲线,而是呈折线状,如图 1.1 所示。但我们应用有关误差理论,可以把各种随机因素引起的曲线波动抹平,使其成为一条光滑均匀的曲线,这个过程称为曲线的修匀。

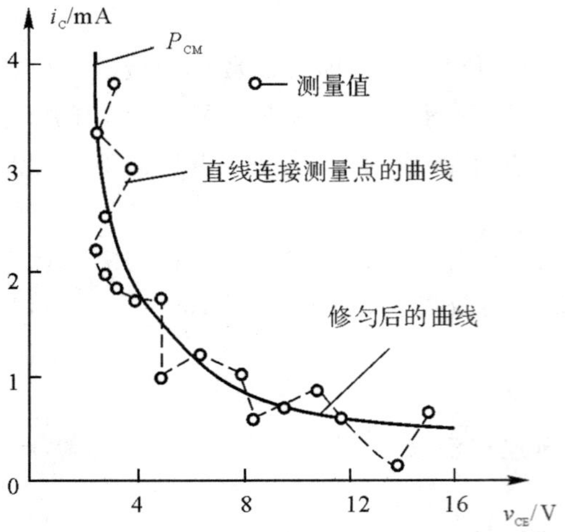

图 1.1　直线连接测量点时曲线的波动情况

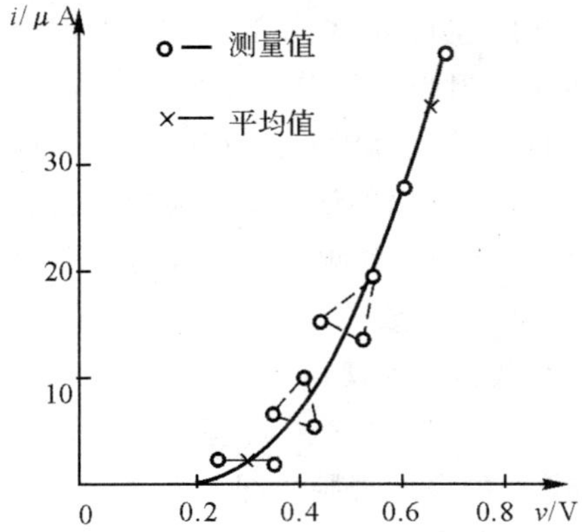

图 1.2　分组平均法修匀曲线

在要求不太高的测量中，常采用一种简便、可行的工程方法 —— 分组平均法 —— 来修匀曲线。这种方法是将各测量点分成若干组，每组含 2 ～ 4 个数据点，然后分别估取各组的几何重心，再将这些重心连接起来。图 1.2 所示为每组取 2 ～ 4 个数据点进行平均后的修匀曲线。这条曲线，由于进行了测量点的平均，在一定程度上减少了偶然误差的影响，较为符合实际情况。

第二部分　常用仪器仪表

第一节　万　用　表

万用表是一种多用途的仪表。由于它具有测量种类多、量程范围宽、价格低以及使用和携带方便等优点，因此广泛应用于电气维修和测试中。但万用表的准确度不高，故不宜于精密测量。

一般的万用表可以用来测量直流电流、直流电压、交流电压、电阻和音频电平等电量，并具有多种量程，有的万用表还可以测量电容、电感及晶体管参数等。

本节主要介绍万用表的一般结构、原理（着重介绍电阻挡）和使用方法。

一、万用表的结构概述

万用表的类型很多，外型及大小都有所不同，但结构原理及使用方法基本相同，均由磁电系表头（测量机构）、转换开关和测量线路组成。

1. 表头

万用表的表头多采用灵敏度高、准确度好的磁电系直流微安表，其满偏电流一般为几十微安。满偏电流越小，灵敏度就越高，测量电压时的内阻就越大，因而，电表对被测线路的工作状态的影响也就越小。一般的万用表直流电压挡内阻达 20 ～ 100 kΩ/V，交流电压挡内阻要低一些。表头本身的准确度一般在 0.5 级以上，做成万用表后为 1.0 ～ 5.0 级。表头的刻度盘上，备有对应于不同测量对象的多条标尺，可以直接读出被测量。有的万用表的刻度盘上还装有反射镜，以减小读数视差。

2. 转换开关

转换开关是用来选择不同的被测量和不同量程时的切换器件。它里面有固定接触点和活动接触点，用以闭合和切断测量回路。一般将活动触点称为“刀”，固定触点称为“掷”。旋转刀的位置，使刀与不同的掷闭合，就可以改换和接通所要求的测量线路。

3. 测量线路

万用表的测量线路实际就是由多量程的直流电流表、电压表、整流式交流电压表和电阻表等几种线路组合而成的。构成测量线路的主要元件是电阻元件，包括线绕电阻、碳膜电阻、电位器等。如图 2.1 所示为由以上 3 个基本部分组成的万用表原理示意图

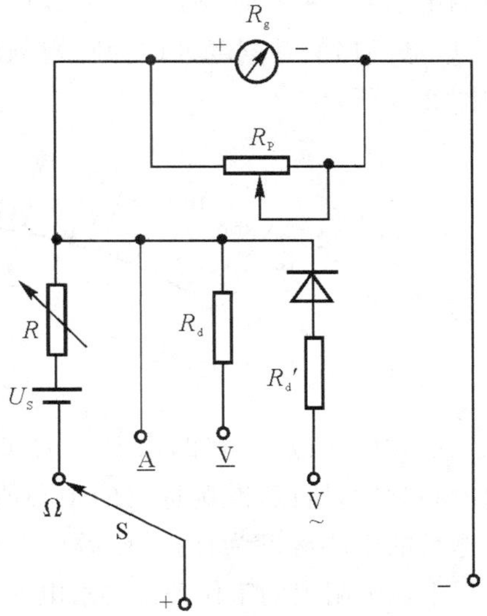

图 2.1　万用表原理示意图

由图2.1可见，当转换开关S置于“Ω”位置时，万用表就成了电阻表；置于“A”位置时，就成了直流电流表；

置于"$\underline{\text{V}}$"位置时，就成了直流电压表；置于"$\underset{\sim}{\text{V}}$"位置时，就成了半波整流的整流系仪表，可用来测量交流电压。

二、万用表的电阻测量线路

(一) 单量程工作原理

万用表的欧姆挡是用来测量电阻数值大小的，实质上就是一个多量程的电阻表。图 2.2 是它的电路原理。根据欧姆定律，可得电路电流为

$$I=\frac{U}{R_{x}+\left(R_{1}+\dfrac{R_{p}R_{g}}{R_{p}+R_{g}}\right)}=\frac{U}{R_{x}+R'} \tag{3-1}$$

式中 I—— 电路电流；
U—— 电池电压；
R_1—— 串联电阻；
R_g—— 表头内阻；
R_p—— 欧姆表调零电阻；
R'—— 欧姆表的总内阻；
R_x—— 被测电阻。

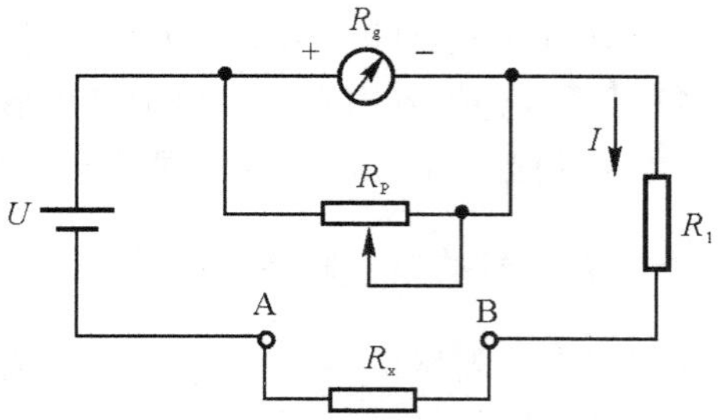

图 2.2 电阻表的电路原理图

在式(3-1)中，当 U 和 R' 一定时，电流 I 将随被测电阻 R_x 的改变而改变，那么通过表头的电流与被测电阻就是一一对应的。R_x 越大，I 就越小；R_x 越小，电流 I 就越大。可见，测电阻值实际上是测电流。图 2.2 中 R_p 对表头起分流作用，R_1 起限流作用。

用于测量电阻的电阻表，其标尺可直接按电阻的数值刻度。由于电流 I 与被测电阻 R_x 之间不是正比关系，因而标尺的刻度是不均匀的。另外，当被测电阻 $R_x=0$，即相当于 A，B 两端短接时，I 最大，表头指针的偏转角也最大，达到满刻度偏转，即指针指在欧姆标尺的零位。当被测电阻 $R_x\to\infty$ 时，相当于 A，B 两端开路，电流 $I=0$，因而偏转角为零，指针停在机械零位。所以，电流挡的零刻度处即为欧姆刻度"∞"处。由此可见，电阻表标尺的刻度是从右至左的，如图 2.3 所示。

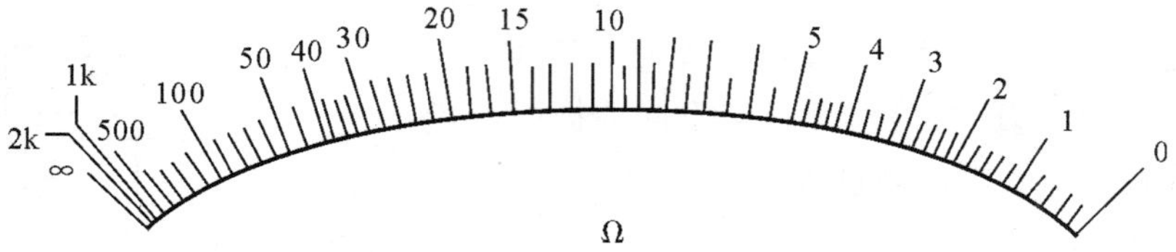

图 2.3 电阻表标尺

由式(3-1)还可知，当 $R_x=R'$ 时，I 的大小为 $R_x=0$ 时的一半，这时指针应位于欧姆标尺的中心刻度，所以，欧姆标尺的中心值就是该挡电阻表的总内阻。因此，电阻表量程的设计都以标尺的中心刻度为标推，然后再求出其他电阻的刻度值。

上述电阻表的工作条件要求电池电压 U 恒定不变，这实际上是不可能的，因为干电池的电压会随着使用或存放时间的增长而逐渐下降。电压下降的结果必然使测量时电路的电流减小而造

成误差，这种误差可能很大，其明显标志是当被测电阻 $R_x = 0$ 时，由于电流达不到表头的偏转电流，所以指针不能偏转到满刻度位置，即电阻表的零刻度位置。因此，在电阻表中都装有零欧姆调整器 R_p，调整电位器的滑动触点，使分流作用改变，从而使表头电流得到调整。这样，当电池电压下降时，便可借助电位器 R_p 的调节使误差得到消除。方法是在每次测量电阻之前，都要将两根测试棒的金属端相互接触（相当于 $R_x = 0$），调节 R_p 使指针对准欧姆零位，然后再测 R_x。

（二）欧姆表量程的扩大

上述电阻表的标尺刻度是从零到无限大，似乎是可以测量阻值从 $0 \sim \infty$ 的所有电阻了，其实不然。由于欧姆标尺很不均匀，所以它的有效使用范围一般只在 1/10 ～ 10 倍欧姆中心值的刻度范围内，超出这个范围就会引起很大的误差。所以，一个量程并不能满足所有范围电阻测量的需要。

为了测量不同大小的电阻，并且又能够共用一条标尺，万用表的测量线路都是做成多量程的，欧姆挡的倍率一般为 $R\times1$，$R\times10$，$R\times100$，$R\times1\text{k}$，$R\times10\text{k}$ 等几种。在测量时，只需将电阻表的读数乘以所选用的倍率，就可得到被测电阻值。

扩大量程解决了标尺的合理刻度问题，但是随着量程的扩大，仪表内阻和被测电阻都要显著增加，势必引起表头电流的减小。为了保证表头应有的灵敏度，在万用表中常用以下两种解决方法。

1. 改变分流电阻值

如图 2.4 所示，保持电池电压不变，通过量程转换开关 S 的切换，改变与表头并联的分流电阻，即低阻挡用小的分流电阻，高阻挡改用大的分流电阻。这样，当开关位于高阻挡时，虽然被测电阻增大，整个电路电流减少，但通过表头的电流依然较大，保证了表头应有的灵敏度。同时，相同的指针数所表示的被测电阻值也扩大了，因为电阻表的中心阻值等于它的总内阻，所以图 2.4 中各挡的串联电阻 R_1，R_2 及 R_3 应选择得使仪表在各挡时的总内阻与相应各挡的欧姆中心值相等。电位器 R_p 作欧姆调零用。一般万用表的电阻挡都采用这种办法来扩大量程。

2. 提高电池电压

如图 2.5 所示，提高电池电压可以提高表头的电流，从而使电阻量程得到扩大。考虑到 R_x 为零时表头电流要等于满偏电流且电阻表的总内阻仍要等于仪表的中心阻值，所以增大电压的同时要增加串联电阻 R_2。通常电阻表的高阻挡如 $R\times10\text{k}$ 挡就是采用这种办法的。为了得到较高的电压，万用表中通常采用叠层电池。

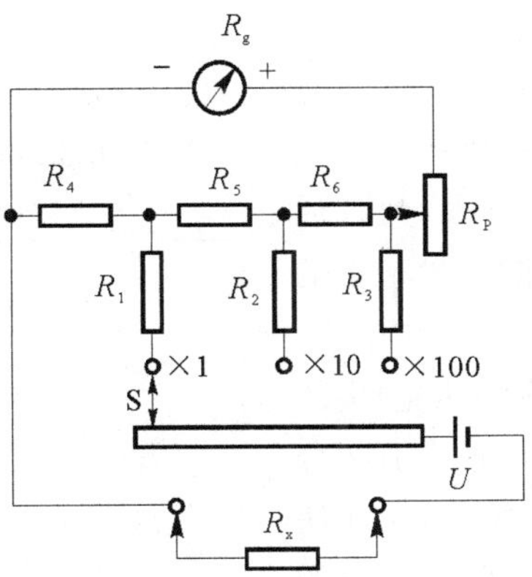

图 2.4　改变分流电阻扩大量程的电路

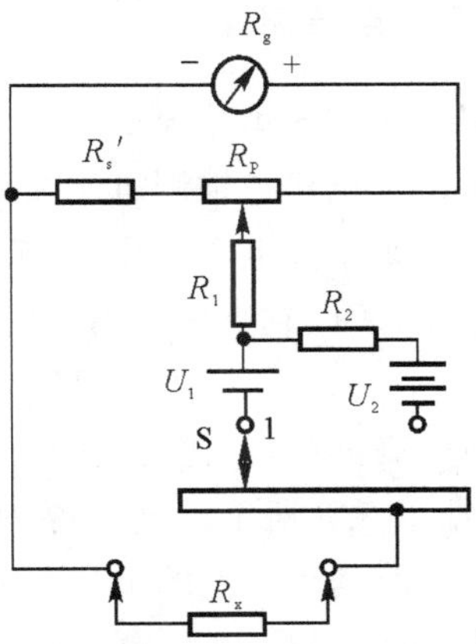

图 2.5　提高电池电压扩大量程的电路

三、万用表的电流测量

1. 单量程电流表的工作原理

单纯的表头做成测量直流电流的电流表，只能测量几十微安的电流；否则，就会烧毁表头的线圈。要测量较大的电流，只有采取“分流”的方法，扩大表头的量程，其电路如图 2.6 所示。设被测电流为 I，测量机构的内阻为 R_g，分流电阻为 R_s，则流过表头的电流为

$$I_g=\frac{R_s}{R_g+R_s}\cdot I$$

表头中电流 I_g 和被测电流 I 成正比。同时，被测电流 I 的最大值是表头流过电流 I_g 的 $\frac{R_g+R_s}{R_s}$ 倍，仪表就可以直接按扩大后的量程做出均匀刻度。设量程扩大 n 倍（n 称为分流系数），即 $n=I/I_g$，则

$$R_s=\frac{R_g}{n+1}$$

一般情况下，分流电阻很小，因此，使用电流表时，一定要把电流表串联在被测电流的支路中，否则，就会将表头烧毁。

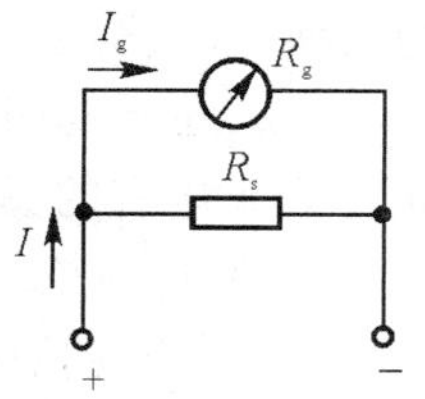

图 2.6　电流表的原理图

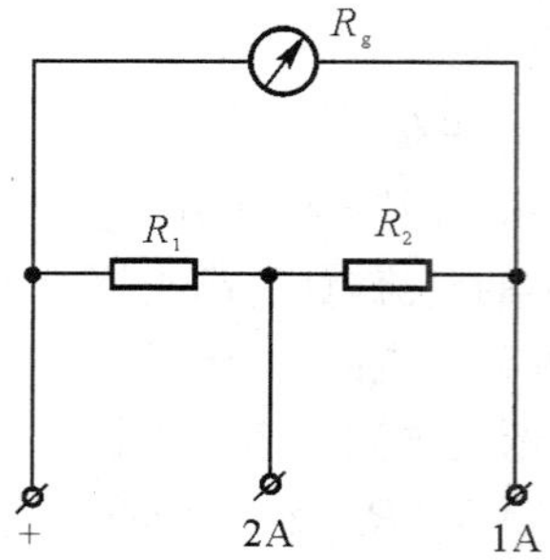

图 2.7　两个量程的电流表的测量电路

2. 多量程电流表的工作原理

根据上述原理，在一个仪表中采用不同大小的分流电阻，便可以制成多量程的电流表。如图 2.7 所示就是具有两个量程的电流表的测量电路。

四、万用表的电压测量

1. 单量程电压表的工作原理

当磁电系测量机构与被测电压并联时，流过测量机构的电流 I 与 U 成正比，因此，测量机构的偏转可以用来指示电压。由于测量机构的 R_g 不大，允许通过的电流又很小，所以它直接作为电压表来使用只能测量很小的电压。

为了测量较高的电压，通常用一只阻值较大的分压电阻 R_f 与表头串联，如图 2.8 所示。这时，被测电压 U 的大部分加在分压电阻 R_f 上，分配到表头上的电压 U_g 只是很小一部分，从而使通过测量机构的电流限制在允许的范围内，扩大了电压表的

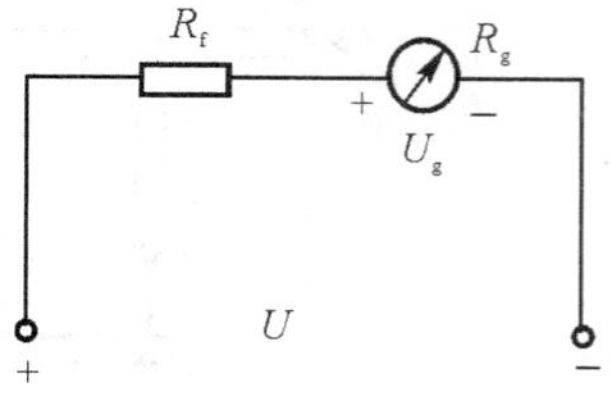

图 2.8　单量程电流表电路

量程。

串联附加电阻后，测量机构中通过的电流为

$$I_g = \frac{U}{R_g + R_f}$$

它与被测电压成正比，因此，只需将原微安表的刻度尺重新标识，就做成了单量程电压表。

$\frac{U}{U_g}$ 是电压量程的扩大倍数，仍用 n 表示，考虑到此时

$$U = I_g(R_g + R_f) \quad 和 \quad U_g = I_g R_g$$

则

$$n = \frac{R_g + R_f}{R_g}$$

2. 多量程电压表的工作原理

在单量程电压表的基础上，对串联电阻进行分压，就可以组成多量程电压表，如图 2.9 所示。

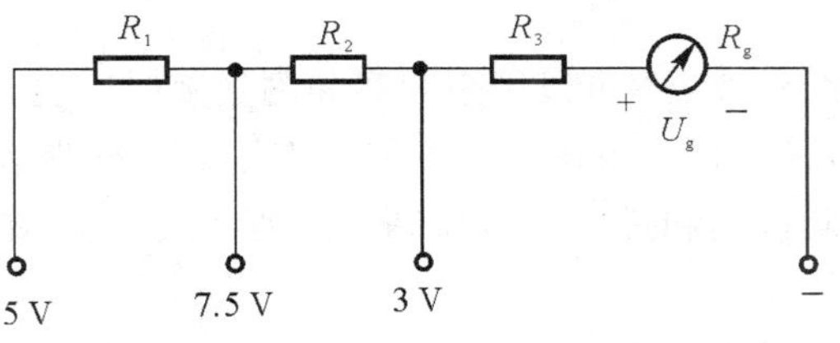

图 2.9　多量程电压表电路

五、万用表的使用

(1) 熟悉表盘上各符号的意义及各个旋钮和选择开关的主要作用。

(2) 进行机械调零。

(3) 根据被测量的种类及大小，选择转换开关的挡位及量程，找出对应的刻度线。

(4) 选择表笔插孔的位置。

(5) 测量电压。测量电压(或电流)时要选择好量程，如果用小量程去测量大电压，则会有烧表的危险；如果用大量程去测量小电压，那么指针偏转太小，无法读数。量程的选择应尽量使指针偏转到满刻度的 2/3 左右。如果事先不清楚被测电压的大小，应先选择最高量程挡，然后逐渐减小到合适的量程。

1) 交流电压的测量。将万用表的转换开关置于交流电压的合适量程上，万用表两表笔和被测电路或负载并联即可。

2) 直流电压的测量。将万用表的转换开关置于直流电压的合适量程上，且“+”表笔(红表笔)接到高电位处，“−”表笔(黑表笔)接到低电位处，即让电流从“+”表笔流入，从“−”表笔流出。若表笔接反，表头指针会反方向偏转，容易撞弯指针。

(6) 测电流。测量直流电流时，将万用表的转换开关置于直流电流的合适量程上，电流的量程选择和读数方法与电压一样。测量时必须先断开电路，然后按照电流从“+”到“−”的方向，将万用表串联到被测电路中，即电流从红表笔流入，从黑表笔流出。如果误将万用表与负载并联，则因表头的内阻很小，会造成短路烧毁仪表。其读数方法如下：

实际值＝指示值×量程／满偏

(7) 测电阻。用万用表测量电阻时，应按下列方法：

1) 选择合适的倍率挡。万用表欧姆挡的刻度线是不均匀的，所以倍率挡的选择应使指针停留在刻度线较稀的部分为宜，且指针越接近刻度尺的中间，读数越准确。一般情况下，应使指针指在刻度尺的 1/3 ～ 2/3 间。

2) 欧姆调零。测量电阻之前，应将两个表笔短接，同时调节"欧姆(电气) 调零旋钮"，使指针刚好指在欧姆刻度线右边的零位。如果指针不能调到零位，说明电池电压不足或仪表内部有问题。每换一次倍率挡，都要再次进行欧姆调零，以保证测量准确。

3) 读数。表头的读数乘以倍率，就是所测电阻的电阻值。

第二节　示　波　器

一、示波器概述

示波器(又称阴极射线示波器) 可以用来观察和测量随时间变化的电信号图形，它是进行电信号特性测试的常用电子仪器。由于示波器能够直接显示被测信号的波形，测量功能全面，并且具有灵敏度高、输入阻抗大和过载能力强等一系列特点，所以在近代科学领域中得到了极其广泛的应用。

示波器的种类很多，电路实验中常用的有普通示波器、双踪示波器、长余辉示波器等，它们的基本工作原理是相似的。

二、示波器的结构

普通示波器主要由示波管、垂直(Y 轴) 放大器、扫描(锯齿波) 信号发生器、水平(X 轴) 放大器以及电源等部分组成，其结构方框图如图 2.10 所示。

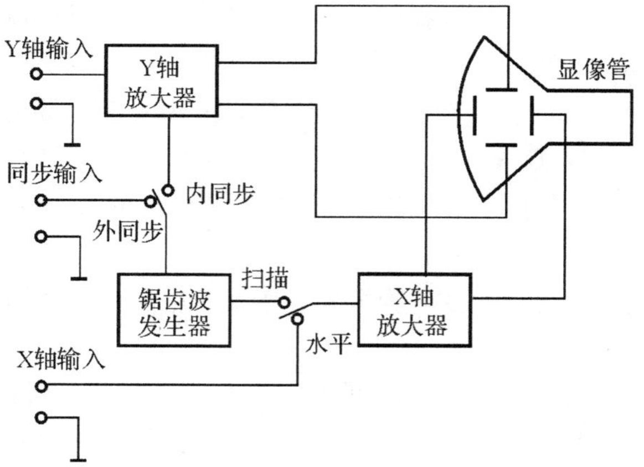

图 2.10　示波器的结构方框图

(一) 示波管

(1) 示波管是示波器的核心部件，它主要包括电子枪、偏转板和荧光显示几个部分，如图

2.11 所示。

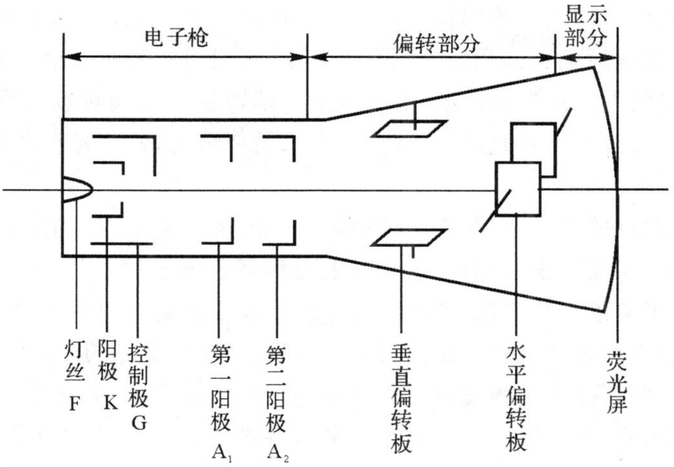

图 2.11　示波管结构图

1. 电子枪

电子枪用于产生并形成高速、聚束的电子流，去轰击荧光屏使之发光。它主要由灯丝F、阴极K、控制极G、第一阳极A_1、第二阳极A_2组成。除灯丝外，其余电极的结构都为金属圆筒，且它们的轴心都保持在同一轴线上。阴极被加热后，可沿轴向发射电子；控制极相对阴极来说是负电位，改变电位可以改变通过控制极小孔的电子数目，也就是控制荧光屏上光点的亮度。为了提高屏上光点亮度，又不降低对电子束偏转的灵敏度，现代示波管中，在偏转系统和荧光屏之间还加上一个后加速电极A_3。

第一阳极对阴极而言，加有约几百伏的正电压。在第二阳极上加有一个比第一阳极更高的正电压。穿过控制极小孔的电子束，在第一阳极和第二阳极高电位的作用下，得到加速，向荧光屏方向作高速运动。由于电荷的同性相斥，电子束会逐渐散开。通过第一阳极、第二阳极之间电场的聚焦作用，电子重新聚集起来并交汇于一点。适当控制第一阳极和第二阳极之间电位差的大小，便能使焦点刚好落在荧光屏上，显现一个光亮细小的圆点。改变第一阳极和第二阳极之间的电位差，可起调节光点聚焦的作用，这就是示波器的"聚焦"和"辅助聚焦"调节的原理。第三阳极是在示波管锥体内部涂上一层石墨形成的，通常加有很高的电压，它有三个作用：① 使穿过偏转系统以后的电子进一步加速，使电子有足够的能量去轰击荧光屏，以获得足够的亮度；② 石墨层涂在整个锥体上，能起到屏蔽作用；③ 电子束轰击荧光屏会产生二次电子，处于高电位的A_3可吸收这些电子。

2. 偏转系统

示波管的偏转系统大都是静电偏转式，它由两对相互垂直的平行金属板组成，称为水平偏转板和垂直偏转板，分别控制电子束在水平方向和垂直方向的运动。当电子在偏转板之间运动时，如果偏转板上没有加电压，偏转板之间无电场，离开第二阳极后进入偏转系统的电子将沿轴向运动，射向屏幕的中心。如果偏转板上有电压，偏转板之间则有电场，进入偏转系统的电子会在偏转电场的作用下射向荧光屏的指定位置。

如果两块偏转板互相平行，并且它们的电位差等于零，那么通过偏转板空间的、具有速度v的电子束就会沿着原方向（设为轴线方向）运动，并打在荧光屏的坐标原点上。如果两块偏转板之间存在着恒定的电位差，则偏转板间就形成一个电场，这个电场与电子的运动方向相垂直，于是电子就朝着电位比较高的偏转板偏转。这样，在两偏转板之间的空间，电子就沿着抛物线在这一点上作切线运动。最后，电子降落在荧光屏上的点 A，这个点 A 距离荧光屏原点 (O) 有一段距离，这段距离称为偏转量，用 y 表示。偏转量 y 与偏转板上所加的电压 U_y 成正比。同理，在水平偏转板上加有直流电压时，也发生类似情况，只是光点在水平方向上偏转。

3. 荧光屏

荧光屏位于示波管的终端，它的作用是将偏转后的电子束显示出来，以便观察。在示波器的荧光屏内壁涂有一层发光物质，因而荧光屏上受到高速电子冲击的地点就显现出荧光。此时光点的亮度决定于电子束的数目、密度及其速度。改变控制极的电压时，电子束中电子的数目将随之改变，光点亮度也就改变。在使用示波器时，不宜让很亮的光点固定出现在示波管荧光屏一个位置上，否则该点荧光物质将因长期受电子冲击而烧坏，从而失去发光能力。

涂有不同荧光物质的荧光屏，在受电子冲击时将显示出不同的颜色和不同的余辉时间。通常供观察一般信号波形用的是发绿光的，属中余辉示波管；供观察非周期性及低频信号用的是发橙黄色光的，属长余辉示波管；供照相用的示波器中，一般都采用发蓝色的短余辉示波管。

(二)X 轴与 Y 轴衰减器和放大器

示波管偏转板的灵敏度较低(0.1 ~ 1 mm/V)。当输入信号电压不大时，荧光屏上的光点偏移很小而无法观测，因而要对信号电压放大后再加到偏转板上，为此在示波器中设置了 X 轴与 Y 轴放大器。当输入信号电压很大时，放大器无法正常工作，使输入信号发生畸变，甚至使仪器损坏，因此在放大器前级设置有衰减器。X 轴与 Y 轴衰减器和放大器配合使用，以满足对各种信号观测的要求。

(三) 锯齿波发生器

锯齿波发生器能在示波器本机内产生一种随时间变化类似于锯齿状、频率调节范围很宽的电压波形，称为锯齿波，作为 X 轴偏转板的扫描电压。锯齿波频率的调节可由示波器面板上的旋钮控制。锯齿波电压较低，必须经 X 轴放大器放大后，再加到 X 轴偏转板上，使电子束产生水平扫描，即使显示屏上的水平坐标变成时间坐标，来展开 Y 轴输入的待测信号。

三、波形显示的基本原理

在示波器接通电源后，示波管灯丝加热，通过亮度与聚焦控制后的电子束打击在荧光屏上，使其发光形成光点。管内的电子束可由垂直和水平偏转板间的电场作上下及左右偏转。如果在示波器的 X 轴偏转板加上随时间成线性变化的锯齿波扫描电压，在 Y 轴偏转板加上被测信号电压，例如正弦波，那么示波器显示的波形如图 2.12 所示。

线性扫描电压必然是一个周期性的锯齿波，以使光点反复地从示波管屏面的左端均匀扫描到右端，然后极快地回扫到左端。当锯齿波的重复周期 T_x 为 Y 轴输入信号 T_y 的整数倍时，光点在荧光屏上的合成偏转轨迹即显现了一个稳定不动的波形。如果两个信号周期之间的整数倍关系不满足，则波形将是不断地向左或向右移动的不稳定波形，这样就无法观察。使波形稳定而强制锯齿波周期与信号周期成整数倍关系的过程称为同步，这部分附加电路称为同步电路或时基触发电路。

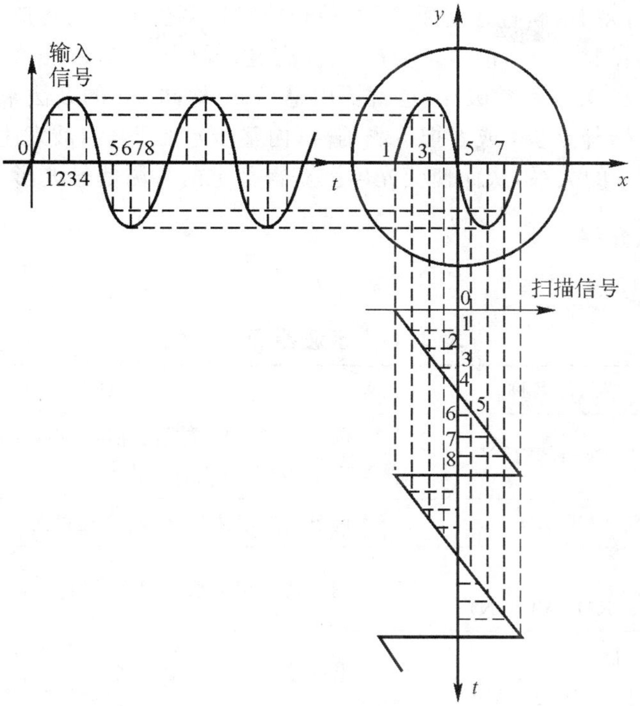

图 2.12　示波器显示波形的原理

由上述可见，为使荧光屏上的图形稳定，被测信号电压的频率应与锯齿波电压的频率保持整数比的关系，即同步关系。为了实现这一点，首先要求锯齿波电压的频率连续可调，以便适应观察各种不同频率的周期信号。其次，由于被测信号频率和锯齿波振荡信号频率的相对不稳定性，即使把锯齿波电压的频率临时调到与被测信号频率成整数倍关系，也不能使图形一直保持稳定。因此，示波器中都设有同步装置，也就是在锯齿波电路的某部分加上一个同步信号来促使扫描的同步。对于只能产生连续扫描（即产生周而复始连续不断的锯齿波）一种状态的简易示波器而言，需要在其扫描电路上输入一个与被观察信号频率相关的同步信号，当所加同步信号的频率接近锯齿波频率的自主振荡频率（或接近其整数倍）时，就可以把锯齿波频率“拖入同步”或“锁住”。对于具有等待扫描（即平时不产生锯齿波，当被测信号来到时才产生一个锯齿波进行一次扫描）功能的示波器而言，需要在其扫描电路上输入一个与被测信号相关的触发信号，使扫描过程与被测信号密切配合。这样，只要按照需要来选择适当的同步信号或触发信号，便可使任何欲研究的过程与锯齿波保持同步。

在电子实践技术过程中，常常需要同时观察两种（或两种以上）信号随时间变化的过程，并对这些不同信号进行电参量的测试和比较。为了达到这个目的，人们在应用普通示波器原理的基础上，采用了以下两种同时显示多个波形的方法：一种是双线（或多线）示波法，另一种是双踪（或多踪）示波法。应用这两种方法制造出来的示波器分别称为双线（或多线）示波器和双踪（或多踪）示波器。

由上述分析可知，要在荧光屏上呈现稳定的电压波形，待测信号的频率 f_y 必须与扫描信号频率 f_x 相等或是其整数倍，即

$$f_y = nf_x \quad 或 \quad T_x = nT_y$$

只有满足这样的条件，扫描轨迹才是重合的，故形成稳定的波形。通过改变示波器上的扫描频率旋钮，可以改变扫描频率 f_x，使 $f_y = nf_x$ 条件满足。但由于 f_x 的频率受到电路噪声的干扰而不稳定，$f_y = nf_x$ 的关系常被破坏，这就要用整步（或称同步）的办法来解决。即：从外面引入一频率稳定的信号（外整步）或者把待测信号（内整步）加到锯齿波发生器上，使其受到自动控制来保持 $f_y = nf_x$ 的关系，从而使荧光屏上获得稳定的待测信号波形。

四、示波器面板介绍

示波器面板介绍见表 2.1。

表 2.1　示波器面板介绍

序号	控制件名称	功能、操作与注意事项
1	亮度调节(INTENSITY)	调节光点和扫描线的亮度。顺时针方向旋转旋钮，亮度增强。太亮易使荧光屏老化
2	聚焦调节(FOCUS)	调节光点的清晰度，使其既圆又小
3	轨迹调节 (TRACE ROTATION)	调节轨迹与水平刻度线平行
4	电源指示灯 (POWER INDICATOR)	电源接通时该指示灯亮
5	电源开关(POWER)	按下开关时电源接通，弹出时关闭
6	校准信号(PROBE ADJUST)	提供幅度 0.5 V、频率 1 kHz 的方波信号，用来检测垂直和水平电路的基本功能
7,8	垂直移位 (VERTICAL POSITION)	调整 CH1 和 CH2 通道轨迹在屏幕中的垂直位置
9	垂直工作方式选择 (VERTICAL MODE)	CH1 或 CH2：通道 1 或通道 2 单独显示 ATL：两个通道交替显示，用于同时观察两路信号的变化 CHOP：两个通道断续显示，用于扫描速度较低时的双综显示 ADD：用于显示两个通道的代数和
10	X-Y 方式选择	水平方式在“TIME”时，X 轴为扫描工作状态 按下“X-Y”时，X 轴从 CH1 输入信号，此方式可观察李沙育图形
11,12	灵敏度调节(VOLTS/DIV)	用于设定 CH1 和 CH2 通道的扫描速度。当扫描微调在较准确位置（顺时钟旋到底）时，其刻度值为屏幕上垂直方向每一个大格所代表的电压数值
13,14	灵敏度微调(VARIABLE)	用于连续微调 CH1 和 CH2 通道的灵敏度扫描速率“微调”旋钮置于“校准”位置（顺时钟旋到底），扫描速率“扩展”旋钮置于“推进”位置

续 表

序号	控制件名称	功能、操作与注意事项
15,16	输入耦合方式 (DC - GND - AC)	DC 方式:使输入信号直接耦合到 CH1 或 CH2 通道,可观察到信号的直流和交流的总和 AC 方式:使输入交流耦合到 CH1 或 CH2 通道,只能观察到信号的交流分量,而直流分量被电容阻隔 GND 方式:将输入信号接地,用于确定(调节)基准电平位置
17,18	CH1,CH2	被测信号的输入端口
19	水平移位 (HORIZONTAL POSITION)	用于调节轨迹在屏幕中的水平位置
20	触发电平调节(LEVEL)	用于调节被测信号在某一电平触发扫描。在屏幕上显示稳定的波形,并可确定显示波形的起始点(初相位)
21	触发极性(SLOPE)	用于选择信号上升或下降沿触发扫描
22	扫描方式选择 (SWEEP MODE)	自动(AUTO):信号频率在 20 kHz 以上时常用的一种工作方式。无信号输入时,屏幕上仍可显示一条扫描基线 常态(NORM):无信号时,屏幕中无轨迹显示,在被测信号较低时选用
23	内部触发源选择 (INT TRIGGER SOURCE)	选择 CH1 或 CH2 的信号作为扫描触发源。当使用稳定的触发源作触发信号时,将能观察到稳定的波形
24	扫描速度选择(SEC/DIV)	用于选择扫描速度。其刻度值为屏幕上水平方向每一个大格所代表的时间
25	扫描微调、扩展调节 (VARIABLE PULL * 10)	用于连续调节扫描速度(顺时针旋到底)。当旋钮拉出时,扫描速度被扩大 10 倍
26	触发源选择 (TRIGGER SOURCE)	用于选择产生触发的内、外源信号
27	接地	安全接地,可用于信号连接
28	外触发输入(EXE INPUT)	当选择外触发方式时触发信号
29	CH1 通道频率跟踪 (CH1 OUTPUT)	CH1 通道频率跟踪输出

五、使用方法及注意事项

(一) 基本操作

(1) 聚焦旋钮置于中间位置,Y 轴输入耦合方式置于接地(GND),垂直位移(VERTICAL POSITION) 旋到中间位置,垂直工作方式(MODE) 置于 CH1,触发方式(SWEEP MODE) 放在自动(AUTO),触发源(SOURCE) 放在内触发(INT),扫描速度(SCE/DIV) 置于 0.5 ms/div。

(2) 打开电源 5 min后,顺时针旋转亮度旋钮,调整 Y 位移旋钮,直到显示出光迹。调节聚焦旋钮使光迹最清晰，为使聚焦效果最好，光迹不可调得过亮。

(3) 调整输入耦合方式于AC，将示波器的校准信号(幅度0.5 V、频率1 kHz的方波)输入通道CH1，适当调节电平旋钮使波形稳定，屏幕上应显示方波信号。将Y轴灵敏度旋钮、扫描速度旋钮置于适当位置，若波形在垂直方向占格数、水平方向占格数与校准信号要求相符，则表示示波器工作基本正常。

(二) 电压测量

1. 直流电压的测量

(1) 偏转灵敏度微调放在校准位置(顺时针旋到底)，输入耦合方式开关置于GND，调整Y位移旋钮，使光迹对准任一条水平刻度线，此时扫描基准线即为零基准线。

(2) 将耦合方式开关换到DC位置，输入直流电压。

(3) 根据波形偏离零基准线的垂直距离h和垂直偏转灵敏度(VOLT/DIV)旋钮的指示值K_u，可以计算出直流电压的数值，即$U=K_uh$。

2. 交流电压的测量

(1) 垂直偏转灵敏度微调放在校准位置(顺时针旋到底)，输入耦合方式开关置于GND，调整Y位移旋钮，使光迹对准任一条水平刻度线，此时扫描基准线即为零基准线。

(2) 再将耦合方式开关换到AC位置，输入信号。

(3) 调节触发电平旋钮，使波形稳定；接着，调节垂直偏转灵敏度(VOLT/DIV)旋钮，使屏幕上显示的波形幅度适中，便于读数。

(4) 根据波形偏离零基准线的垂直距离h和垂直偏转灵敏度(VOLT/DIV)旋钮的指示值K_u，可以计算出交流电压的幅度(最大值)，即$U_A=K_uh$。同时，也可测量电压的峰-峰值，即$U_{p\text{-}p}=K_uh_{p\text{-}p}$。

注意：示波器只能测量交流信号的最大值，不能直接测出有效值。

当被测交流信号含有直流成分时，输入耦合方式应放在DC位置，这样才能同时观察到被测信号的交流分量和直流分量。

(三) 时间和频率的测量

用示波器能测量周期信号的频率、周期、波形任意两点之间的时间和两个同频率信号的相位差。

(1) 扫描微调(VARIABLE)放在校准位置，扫描速度选择(SEC/DIV)开关置于合适位置，使屏幕上显示的波形便于观察。

(2) 调节触发电平调节(LEVEL)旋钮，使显示波形稳定。

(3) 调节垂直位移CH1或CH2旋钮和水平位移旋钮，使波形位于屏幕的中间位置。

(4) 测得一个周期在水平方向的距离d，乘以SCE/DIV的指示值K_t，就可以计算信号的周期T和频率f，即$T=dK_t$，$f=1/T$。

第三部分　基础实验

这部分实验所包含的内容与电路基础理论有密切联系。通过这些实验，学生应当达到以下要求：

(1) 掌握常用电工仪表(如直流电源、万用表、函数信号发生器、双踪示波器、交流毫伏表等)的基本工作原理和正确使用方法。

(2) 能识别各种元器件(如电阻、电位器、电容和电感等)，掌握其参数测量原理和测量方法。

(3) 了解电信号的时域特性和频域特性，元件的伏安特性及其测量方法。

(4) 了解两个电信号的相位差，电路等效及其实验方法。

(5) 掌握仪表在测量电路中的正确连接和对被测电路的影响，能考虑测试方法对测量结果的影响。

(6) 能找出测量数据产生误差的原因，并具备一定的测量误差分析和测量数据的处理能力。

实验可提高学生分析问题和解决问题的能力，培养学生勤奋进取、严肃认真、事实求是和理论联系实际的工作作风和科学态度。

实验一　万用表的使用

一、实验目的

(1) 了解万用表的工作原理。

(2) 熟练掌握万用表测量的方法和实验台的使用方法。

(3) 了解万用表的内阻对测量结果的影响。

二、实验设备

(1)MF—47 型万用表 1 台；

(2)DGJ—03 型电工技术实验台 1 个；

(3) 电阻数只；

(4) 导线若干。

三、实验原理

1. 万用表的使用方法

(1) 测量过程。

电压测量：万用表与被测电路并联。

电流测量：万用表与被测电路串联。

电阻测量：首先短路调零，再用表笔分测电阻两端，读数乘上该挡倍率即为电阻值。注意：

测量大电阻时，两只手不能同时接触电阻。每转换一次挡位，均需重新调零。

h_{FE} 测量：转换开关旋至 $R\times 10\ \Omega$，短路调零，再把开关调到 h_{FE} 处，把晶体管的c，b，e三极插入万用表对应的插孔内，读出 h_{FE} 的大小。PNP，NPN管要读各自的刻度线。

电感、电容的测量：万用表与频率为50 Hz的交流电源串联后，可测量电感、电容。根据串接电源值选择电压挡量程，读数后查对应的转换表可测出电感、电容值。

(2) 读数。选择正确的计数刻度线，视线正视指针。

2. 万用表的使用注意事项

(1) 用万用表测量电压、电流时，应先调零后再进行测量。

(2) 测直流电流时，仪表应与被测电路串联，以防止仪表损坏。

(3) 用万用表测电阻时，应先将红、黑表笔短接后调零，再使用。

(4) 测量电流、电压时，指针偏转至满刻度的1/2或1/3以上测量；测量电阻时，指针偏转至中心刻度位置附近。

(5) 测量电路电阻值时，应将电源断开后再进行测量。

(6) 测量时手不接触表笔的金属部分，以确保测量准确度和人身安全。

(7) 测量高压和大电流时不要带电转换开关，以免电弧烧毁开关。

(8) 仪表在使用完毕后，应转换到交流电压的最高挡或空挡，使仪表内部电路呈断开状态，防止因误置开关旋钮位置进行测量而使仪表损坏。

3. 万用表的内阻对电压测量结果的影响

用万用表测量电压时，需要将表与被测元件并联。由于万用表的内阻不可能为无穷大，因此，当万用表接入被测电路时，改变了原电路的工作状态，测量结果必然存在误差。下面来讨论这个误差的大小，以如图3.1所示电路为例。

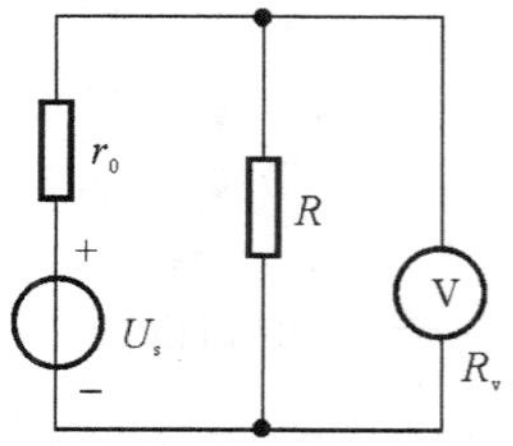

图3.1 电压测量图

在理想状况下，$R_v\to\infty$，这时被测支路 R 两端的电压为

$$U=\frac{RU_s}{r_0+R} \tag{3-1}$$

此值可以认为是被测电压的真实值，而实际上，电压表内阻 R_v 不可能为 ∞，因此考虑到这个因素后，R 两端的电压为

$$U'=\frac{R//R_v}{r_0+R//R_v}U_s \tag{3-2}$$

由式(3-2)可以看出，R_v 越大，U' 越接近于 U；当 $R_v\gg R$ 时，$U'=U$。其相对误差为

$$\varepsilon=\frac{U-U'}{U}\times 100\% \tag{3-3}$$

将式(3-1)、式(3-2)代入式(3-3)，化简得到

$$\varepsilon=\left[1-\frac{1}{1+\dfrac{Rr_0}{R_v(R+r_0)}}\right]\times 100\%=\frac{1}{1+\dfrac{R_v(R+r_0)}{Rr_0}}\times 100\% \tag{3-4}$$

由式(3-4)可以知道：R_v 越大，ε 越小，即电压表内阻越大，测量值越准确。因此，在测量电压时，所选量程的内阻 R_v 应远大于被测支路的等效电阻 R，即 $R_v\gg R$，否则误差很大。

电压表在不同量程下，内阻不同。其大小与量程 U_M 的关系为

$$V=S_vU_M$$

S_v 为电压表的灵敏度。即所用量程越大，电压表内阻越大。

因此，在测量电压时，应首先对被测支路等效电阻与电压表内阻作一粗略的比较，以选择合适的量程。

4. 万用表的内阻对电流测量的影响

同上面讨论的一样，在用电流表测电流时，也存在一个电流表内阻 R_i 对测量结果的影响问题。以如图 3.2 所示电路为例进行讨论。

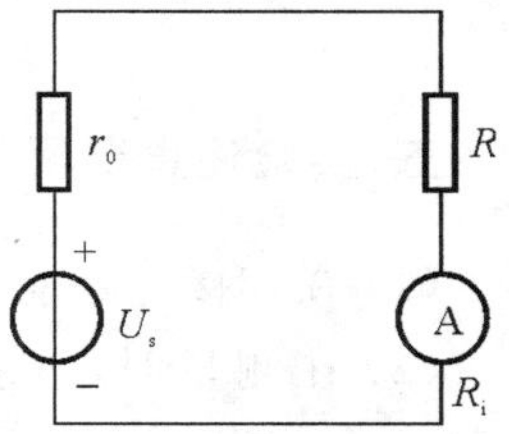

图 3.2　电流测量图

首先，考虑理想状态，电流表 $R_i=0$ 此时

$$I_0=\frac{U_s}{r_0+R}$$

此值是未接入电流表时电路中的电流真实值。考虑实际情况 $R_i\neq 0$ 时，有

$$I'=\frac{U_s}{r_0+R+R_i}$$

比较以上两式，可以发现，由于 R_i 的存在，测量值比真实值小。R_i 越小，I' 越接近于 I。当 $R_i\ll r_0+R$ 时，可以认为 $I'=I$。其测量相对误差为

$$\varepsilon=\frac{I-I'}{I}\times 100\%=\frac{1}{1+\frac{1}{R_1}(r_0+R)}\times 100\%$$

四、实验内容

(1) 分别用 10 V 量程和 50 V 量程测量图 3.4 所示电路中各电阻上的电压值，并比较在两个量程下测量的准确程度。结果记录在表 3.1 中。

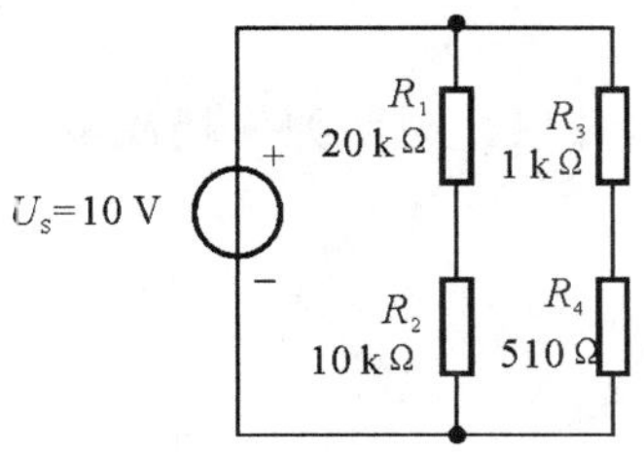

图 3.4　电压测量电路

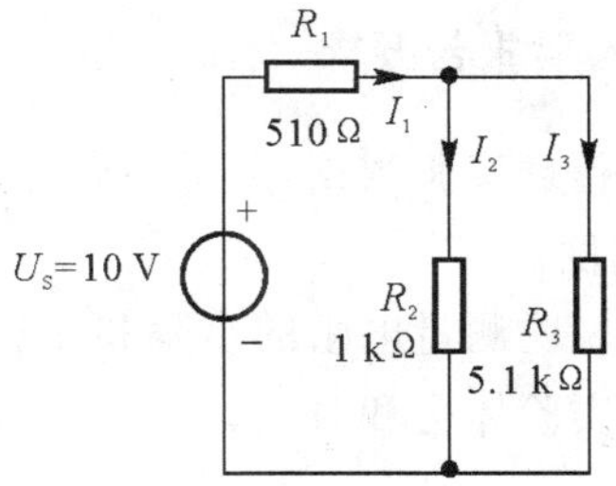

图 3.5　电流测量电路

(2) 用直接法测量图 3.5 所示电路中各支路的电流。结果记录在表 3.2 中。

表　3.1

项目＼电压		U_{R1}	U_{R2}	U_{R3}
测量值 /V	10 V 量程			
	50 V 量程			
理论值 /V				
相对误差 /V	10 V 量程			
	50 V 量程			

表 3.2

各支路电流	I_1	I_2	I_3
测量值/mA			
理论值/mA			
相对误差/(%)			

五、实验注意事项

(1) 在连接电路前，应对所使用的电阻用万用表的电阻挡进行检测。

(2) 在测量时，应把电压表并联在被测支路、电流表串联在被测支路，并注意电流的方向。

(3) 万用表是多量程多种类的仪表，测量不同的量，要选择不同的计数刻度线。使用步骤为机械调零→插孔选择→种类及量程选择→测量过程→读数，尤其是后三部可导致被测量误差增大。

六、思考题

(1) 误用万用表的电流档测电压会出现什么后果？反之呢？

(2) 误用电阻档测电压会出现什么后果？

(3) 欧姆表的刻度盘为什么具有反向和不均匀刻度的特性？

(4) 什么是中值电阻？当被测电阻等于中值电阻时，表头指针在什么位置？

七、实验报告要求

(1) 整理实验数据，分析不同量程对测量结果的影响，并以此说明如何提高电压、电流测量的准确度。

(2) 说明测量电阻的步骤和注意事项。

(3) 实验体会和收获。

实验二　基尔霍夫定律

一、实验目的

(1) 对基尔霍夫电压定律和电流定律进行验证，加深对两个定律的理解。

(2) 进一步掌握万用表测量电压和电流的方法。

(3) 学会直流稳压电源的使用。

二、实验原理

基尔霍夫定律是电路的基本定律，包括基尔霍夫电流定律(KCL)和基尔霍夫电压定律(KVL)。

1. 基尔霍夫电流定律

对电路中的任一节点，在任一时刻，各节点电流的代数和等于零，即 $\sum I=0$。此定律阐述了电路任一节点上各支路电流间的约束关系，且这种约束关系与各支路元件的性质无关，无论元件是线性的或非线性的、含源的或无源的、时变的或非时变的。

2. 基尔霍夫电压定律

对任何一个闭合电路，在任一时刻，沿闭合回路的电压降的代数和为零，即 $\sum U=0$。此定律阐述了任一闭合电路中各电压间的约束关系，这种关系仅与电路结构有关，而与构成电路的元件性质无关，无论元件是线性的或非线性的、含源的或无源的、时变的或非时变的。

3. 参考方向

KCL，KVL 表达式中的电流和电压都是代数量，除具有大小外，还有方向，其方向以量值的正负表示。通常，在电路中要先假定某方向为电流和电压的参考方向。当它们的实际方向与参考方向相同时，取值为正；相反时，取值为负。

三、实验设备

(1)MF—47 型万用表 1 台；

(2)DGJ—03 型电工技术实验台 1 个；

(3) 电阻数只；

(4) 导线若干。

四、实验内容

实验线路如图 3.6 所示，。

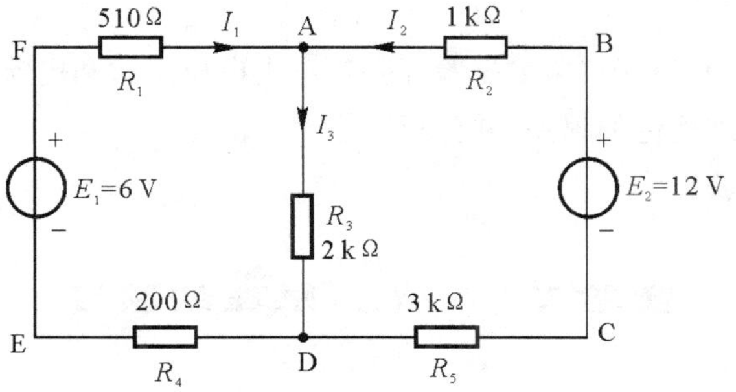

图 3.6　基尔霍夫电压定律验证电路

(1) 实验前先任意设定三条支路的电流参考方向，如图 3.6 中的 I_1，I_2，I_3 所示，并熟悉线路结构。

(2) 分别将两路直流稳压源接入电路，令 $E_1=6$ V，$E_2=12$ V，其数值要用电压表监测。

(3) 熟悉电流插头和插孔的结构，先将电流插头的红、黑两接线端接至数字毫安表的"+、—"极，再将电流插头分别插入三条支路的三个电流插孔中，读出相应的电流值，记入表 3.3 中。

(4) 用直流电压表分别测量两路电源及电阻元件上的电压值，数据记入表 3.3 中。

表 3.3　基尔霍夫定律的验证

内容	电源电压 /V		支路电流 /mA				回路电压 /V				
	E_1	E_2	I_1	I_2	I_3	$\sum I$	U_{FA}	U_{AB}	U_{CD}	U_{DE}	$\sum U$
计算值											
测量值											
相对误差											

五、实验注意事项

(1) 两路直流稳压源的电压值和电路端电压值均应以电压表测量的读数为准，电源表盘指示只作为显示仪表，不能作为测量仪表使用，恒压源输出以接负载后为准。

(2) 谨防电压源两端碰线短路而损坏仪器。

(3) 当用指针式电流表进行测量时，要识别电流插头所接电流表的"+、—"极性。当电表指针出现反偏时，必须调换电流表极性重新测量，此时读得的电流值必须冠以负号。

六、思考题

(1) 根据图 3.6 所示的电路参数，计算出待测的电流 I_1，I_2，I_3 和各电阻上的电压值，记入表 3.3 中，以便实验测量时，可正确地选定毫安表和电压表的量程。

(2) 若用指针式直流毫安表测各支路电流，什么情况下可能出现指针反偏？应如何处理？在记录数据时应注意什么？若用直流数字毫安表进行测量，则会有什么显示？

七、实验报告要求

(1) 整理实验数据，并根据实验数据验证基尔霍夫电压定律和电流定律。

(2) 计算测量值与理论值的误差，并分析产生误差的原因。

(3) 实验体会和收获。

实验三　叠加原理的验证

一、实验目的

(1) 验证线性电路叠加原理的正确性。

(2) 加深对线性电路的叠加性和齐次性的认识和理解。

二、实验原理

叠加原理包含两部分内容：

1. 线性电路的叠加性

在有几个独立源共同作用下的线性电路中，任何一条支路的电流或电压，都可以看成是由每一个独立源单独作用时在该支路所产生的电流或电压的代数和。

2. 线性电路的齐次性

当激励信号(某独立源的值)增加或减小 K 倍时,电路的响应(即电路中各支路的电流和电压值)也将增加或减小 K 倍。

某独立源单独作用是指,在电路中将该独立源之外的其他独立源"去掉",即电压源用短路线取代,电流源用开路取代,受控源保持不变。

对含非线性元件(如二极管)的电路,叠加原理不适用。

叠加原理一般也不适用于"功率的叠加",$P=(\sum I)(\sum U)\neq\sum IU$。

三、实验设备

(1)MF—47 型万用表 1 台;

(2)DGJ—03 型电工技术实验台 1 个;

(3) 电阻数只;

(4) 导线若干。

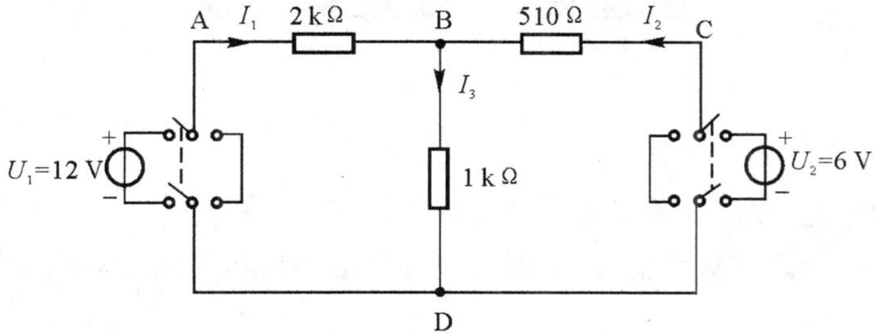

图 3.7　叠加原理验证电路

四、实验内容

(1) 按图 3.7 所示电路接线,取 $U_1=+12$ V,$U_2=+6$ V。

(2) 令电源 U_1 单独作用,测量各支路电流及各电阻元件两端的电压,数据记入表 3.4。

(3) 令电源 U_2 单独作用,重复步骤(2) 的测量和记录。

(4) 令电源 U_1 和 U_2 共同作用,重复上述的测量和记录。

(5) 将电源 U_2 的数值调至 +12 V,重复步骤(3)(验证齐次定理)。

表　3.4

测量项目 / 实验内容	U_1/V	U_2/V	I_1/mA	I_2/mA	I_3/mA	U_{AB}/V	U_{BC}/V	U_{BD}/V
U_1 单独作用								
U_2 单独作用								
U_1 和 U_2 共同作用								

五、实验注意事项

(1) 测量各支路电流时,应注意仪表的极性及数据表格中"+、—" 号的记录。

(2) 正确选用仪表量程并注意及时更换。

(3) 恒压源输出以接上负载后为准。

六、思考题

(1) 叠加原理中 U_1,U_2 分别单独作用,在实验中应如何操作?可否直接将不作用的电源(U_1 或 U_2)置零(短接)?

(2) 实验电路中,若有一个电阻器改为二极管,试问叠加原理的叠加性与齐次性还成立吗?为什么?

七、实验报告要求

(1) 整理实验数据,并根据实验数据验证叠加原理。

(2) 简述表 3.4 中的数据说明了什么问题。

(3) 实验体会和收获。

实验四　戴维南定理

一、实验目的

(1) 验证叠加原理,加深对戴维南定理的理解。

(2) 熟悉电路的开路和短路情况,掌握测量等效电动势与等效内阻的方法。

二、实验原理

1. 戴维南定理

任何一个线性含源网络,如果仅研究其中一条支路的电压和电流,则可将电路的其余部分看做是一个有源二端网络(或称为含源一端口电路)。

戴维南定理指出:任何一个线性有源网络,它对外电路的作用,可以用一个理想的电压源和电阻的串联组合来等效。该电压源的电压 U_{oc} 等于一端口电路在端口处的开路电压;电阻 R_0 等于一端口电路内所有独立源置零条件下,从端口处看进去的等效电阻。

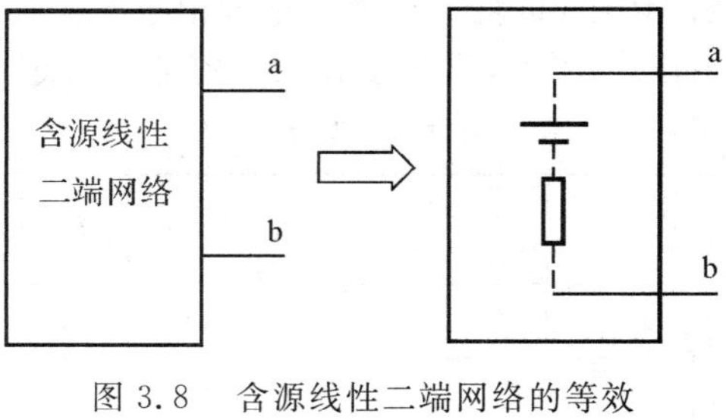

图 3.8　含源线性二端网络的等效

2. 有源二端网络等效参数的测量方法

(1) 开路电压 U_{oc} 的测量方法。

1) 直接测量法。直接测量法是在含源二端网络输出端开路时,用电压表直接测其输出端的开路电压 U_{oc},如图 3.9(a) 所示。它适用于等效内阻 R_0 较小,且电压表的内阻 $R_V \gg R_0$

的情况。

2）零示法。在测量具有高内阻($R_0 \gg R_v$）含源二端网络的开路电压时，用电压表进行直接测量会造成较大的误差，为了消除电压表内阻的影响，往往采用零示测量法，如图3.9(b)所示。

零示法测量原理是用一低内阻的稳压电源与被测有源二端网络进行比较，当稳压电源的输出电压 E_s 与有源二端网络的开路电压 U_{oc} 相等时，电压表的读数将为"0"，然后将电路断开，测量此时稳压电源的输出电压，即为被测有源二端网络的开路电压。

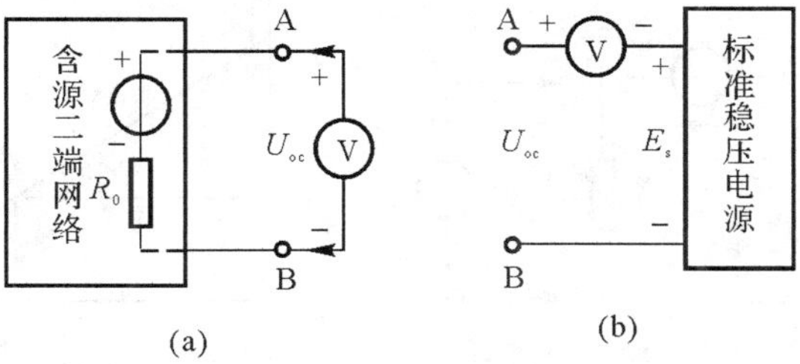

图 3.9　开路电压的测量

(a) 直接测量法($R_v \gg R_0$)；（b) 零示法($R_v \ll R_0$)

(2) 等效内阻 R_0 的测量方法。

1）直接测量法。将有源二端网络电路中所有独立源去掉，用万用表的欧姆挡测量去掉外电路后的等效电阻 R_0。

2）加压测流法。将含源网络中所有独立源去掉，在开路端加一个数值已知的独立电压源 E，如图 3.10 所示，并测出流过电压源的电流 I，则 $R_0 = E/I$。

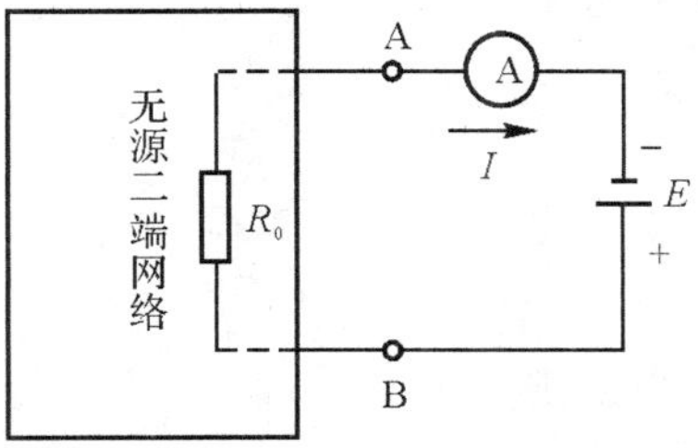

图 3.10　加压测流法测量等效内阻

3）开路、短路法。分别将有源二端网络的输出端开路和短路，根据测出的开路电压和短路电流值进行计算，即 $R_0 = U_{oc}/I_{sc}$

4）伏安法。伏安法测等效内阻的连接线路如图 3.11(a) 所示。先测出有源二端网络伏安特性如图 3.11(b) 所示，再测出开路电压 U_{oc} 及电流为额定值 I_N 时的输出端电压值 U_N。根据外特性曲线中的几何关系，则内阻为

$$R_0 = \tan\varphi = \frac{U_{oc}}{I_{sc}} = \frac{U_{oc} - U_N}{I_N}$$

5）半电压法。调节被测有源二端网络的负载电阻 R_L，当负载电压为被测有源二端网络开路电压 U_{oc} 的一半时，负载电阻值（由电阻箱的读数确定）即为被测有源二端网络的等效内阻值。

6）外加电阻法。先测出有源二端有网络的开路电压 U_{oc}，然后在开路端接一个已知数值的电阻 r，并测出其端电压 U_r，则

$$\frac{U_{oc}}{R_0+r}=\frac{U_r}{r}$$

$$R_0=r\times\left(\frac{U_{oc}}{U_r}-1\right)$$

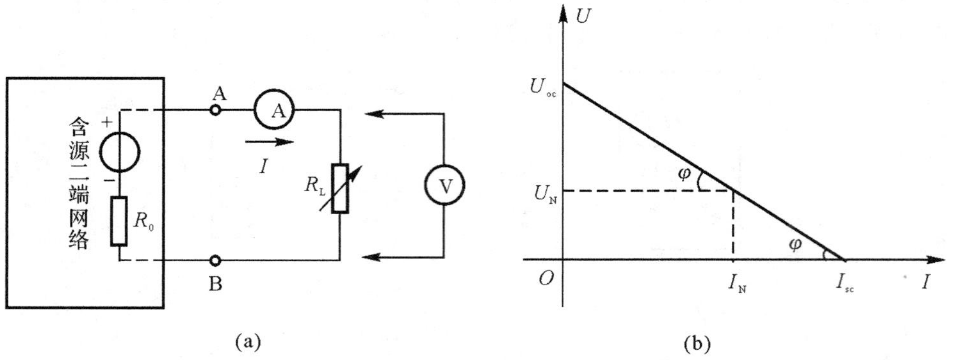

图 3.11　伏安法测等效内阻

实际电压源和电流源都具有一定的内阻，不能与电源本身分开。所以在去掉电源时，其内阻也去掉了，因此会给测量带来误差。

三、实验设备

(1)MF—47 型万用表 1 台；
(2)DGJ—03 型电工技术实验台 1 个；
(3) 导线若干；
(4) 电阻箱 1 个。

四、实验内容

被测有源二端网络如图 3.12(a) 所示。

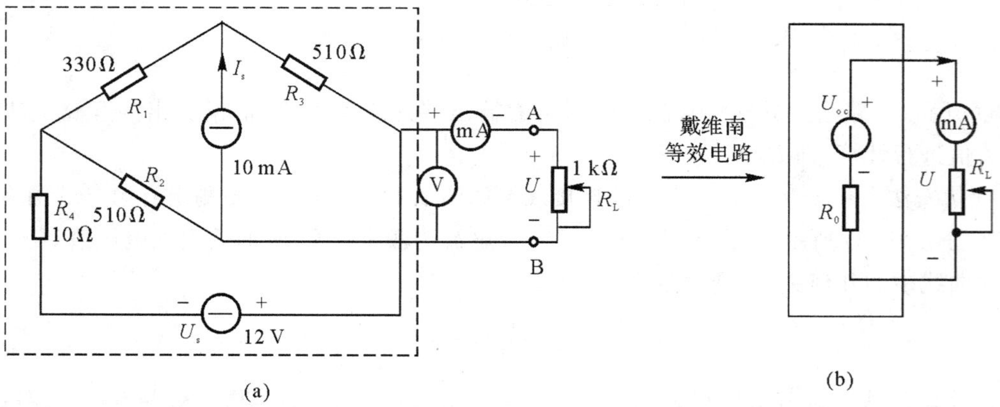

图 3.12　被测有源二端网络电路

(1) 调节实验台的稳压电源和恒流源，得到所要求的电压和电流，然后关掉电源。

(2) 按图 3.12(a) 所示连接电路，经检查无误后再通电。

(3) 用开路、短路法测量有源二端网络的开路电压和短路电流，数据记录在表 3.5 中。

表　3.5

U_{oc}/V	I_{sc}/mA	$R_0 = U_{oc}/I_{sc}$ (Ω)

(4) 在有源二端网络的端口接上电阻箱，改变电阻箱的阻值，同时测量端口电压和网络输出电流，从而求得该网络的外特性曲线。测量数据记录在表 3.6 中。

表　3.6

R/Ω	5×10^3	4×10^3	53×10^3	2×10^3	1×10^3
U/V					
I/mA					

(5) 按图 3.12(b) 所示连接电路，将调好的电阻值 R_0 与其直流稳压电源串联，稳压电源的输出电压 $U_s = U_{oc}$，此电路就为原网络的等效电路。

(6) 验证戴维南定理。在等效电路的两端接电阻箱，改变电阻箱电阻值，测量其外特性。将测量数据记录在表 3.7 中。

表　3.7

R/Ω	5×10^3	4×10^3	3×10^3	2×10^3	1×10^3
U/V					
I/mA					

五、实验注意事项

(1) 测量电流时要注意电流表量程的选取，为使测量准确，电压表量程不应频繁更换。

(2) 实验中，电源置零时不可将稳压源短接。

(3) 用万用表直接测量 R_0 时，网络内的独立源必须先去掉，以免损坏万用表。

(4) 改接线路时，要关掉电源。

六、思考题

(1) 如何从电源的外特性说明电源内阻的大小？

(2) 电压源不容许短路，电流源是否可以短路？

(3) 在图 3.12 所示电路中，电压表和电流表是否一定要同时接入？

(4) 如何测量有源二端网络的开路电压和短路电流？在什么情况下不能直接测量开路电压和短路电流？

(5) 说明测量有源二端网络开路电压及等效内阻的几种方法，并比较其优、缺点。

七、实验报告要求

(1) 根据表3.6、表3.7的数据，在同一坐标系内给出各自电路的外特性曲线，并验证戴维南定理。

(2) 分析表3.6与表3.7中的数据的误差及其产生的原因。

(3) 实验体会、收获和对戴维南定理的认识。

实验五 信号发生器和示波器的使用

一、实验目的

(1) 熟悉实验中所使用的函数信号发生器的布局，各按键开关的作用及其使用方法。

(2) 学会使用示波器观察各种电信号波形，定量测出正弦信号和脉冲信号的波形参数。

(3) 初步掌握双踪示波器和函数信号发生器的使用。

二、实验说明

(1) 实验中，常用的各种信号是由信号发生器提供的。在电子技术实验中，大多数电激励信号是正弦交流信号和方波信号。正弦信号的波形参数是幅值U_m、周期T(或频率f)和初相位；方波信号的波形参数是幅值U_m、脉冲重复周期T及脉宽t_w。

DGJ—03型电工技术实验台所配备的智能函数信号发生器能提供频率范围为1 Hz～150 kHz，幅值可在0～5 V之间连续可调的正弦信号和0～3.8 V方波信号。输出的信号可由波形选择按键来选取。可以输出正弦波、三角波、锯齿波、矩形波、四脉方列和八脉方列等，并由6位LED数码管显示信号的频率。

(2) 示波器是一种信号图形测量仪器，可以定量测出各种电信号的波形参数，如波形的幅度、时间、相位关系或脉冲信号的前、后沿等，这是其他的测试仪器很难做到的。

双踪示波器有两个垂直输入通道Y_A和Y_B，可以同时输入两个被测信号$u_A(t)$和$u_3(t)$。其内部依靠一个电子开关，按一定的时间分割比例，轮流显示两个被测信号。这对应于面板上“交替”和“断续”开关位置。当被测信号频率较高时，应将开关置于“交替”位置；当频率较低时，应将开关置于“断续”位置。所以，一台双踪示波器可以同时观察和测量两个信号波形。

从荧光屏的Y轴刻度尺并结合其量程分挡选择开关(Y输入偏转0.01～5 V/div，分12挡，Y输入微调置校准位置)、测试探头衰减比例，可以读得电信号的幅值；从荧光屏的X轴刻度尺并结合其量程分挡选择开关(时间扫描速度1 μs/div～5 s/div，分25挡)，可以读得电信号的周期、脉宽、相位差等参数。

为了完成对各种不同波形、不同要求的观察和测量，示波器上还有一些其他的调节和控制旋钮，希望在实验中自己动手加以摸索和掌握，并注意总结实用经验。

三、实验设备

(1)YB2173电子交流毫伏表1块；

(2)MOS—620双踪示波器1台；

(3)DGJ—03 型电工技术实验台 1 个;

(4) 导线若干。

四、实验内容

(一) 示波器使用前检查

1. 扫描光迹检查

将 CH1,CH2 的垂直方式置“GND”,得到一条扫描基线。调节亮度、聚焦、水平移位、垂直移位,使该基线移到荧光屏中央位置并与水平刻度线重合。如不能使它们重合,需要用螺丝刀调节旋转光迹旋钮。

2. 双踪示波器的自检

用同轴测试线将示波器的输入端 CH1,CH2 接至示波器面板部分的“标准信号”,调节示波器面板上的“水平轴位移”、“垂直轴位移”等旋钮,使在荧光屏的中心部分显示出线条细而清晰、亮度适中的波形;通过调节垂直灵敏度和扫描速度,并将它们的微调旋钮旋至“校准”位置,从荧光屏上读出该“标准信号”的幅值与频率,并与标称值(0.5 V,1 kHz 的信号)作比较。

(二) 正弦波信号的观测

(1) 将示波器的灵敏度和扫描速度微调旋钮旋至“校准”位置。

(2) 通过电缆线,将信号发生器的正弦波输出口与示波器的 CH1,CH2 接口相连。

(3) 接通电源,调节信号源的频率旋钮,使输出正弦频率分别为 50 Hz,1 kHz 和 5 kHz(由频率计读出),输出幅值分别为有效值 8 mV,1 V,2 V(由交流毫伏表读得)。

(4) 调节示波器垂直灵敏度和扫描速度至合适的位置,并将其微调旋钮旋至“校准”位置,使荧光屏上出现 1 ～ 2 个周期的稳定波形。从荧光屏上读得信号的峰-峰值电压(V_{p-p})、周期,记入表 3.8。

表 3.8

测量项目 \ 测量信号		测时间				测电压			
		一个周期所占格数	扫描速度 t/div	周期 T	频率 f	峰峰之间格数	灵敏度 V/div	V_{p-p}	U
50 Hz	8 mV								
1 kHz	1 V								
5 kHz	2 V								

(三) 方波脉冲信号的测定

(1) 将信号发生器的波形选择开关置“矩形波”位置。测试线换接在 B 口,并与示波器的 CH1 相连。

(2) 调节信号源的输出幅度为 2.0 V(用示波器测定),分别观测 100 Hz,3 kHz 和 10 kHz 方波信号的波形参数。

(3) 用示波器测量上述方波脉冲信号的参数(周期、幅度、脉冲宽度、占空比)。

五、实验注意事项

(1) 示波器的辉度不要过亮。

(2) 调节仪器旋钮时，动作不要过猛。

(3) 调节示波器时，要注意触发开关和电平调节旋钮的配合使用，以使显示的波形稳定。

(4) 作定量测定时，“t/div” 和“V/div” 的微调旋钮应旋置“标准” 位置。

(5) 为防止外界干扰，信号发生器的接地端与示波器的接地端要相连一致(称共地)。

六、思考题

(1) 认真阅读示波器的使用说明，熟悉示波器面板上“t/div” 和“V/div” 的含义是什么？

(2) 观察本机“标准信号” 时，要在荧光屏上得到两个周期的稳定波形，而幅度要求为 5 div。试问：Y 轴电压灵敏度应置于哪一挡位置？“t/div” 又应置于哪一挡位置？

(3) 应用双踪示波器观察到如图 3.13 所示的两个波形，Y 轴的“V/div” 的指示为 0.5 V，“t/div” 指示为 20 μs。试问：这两个波形信号的波形参数为多少？

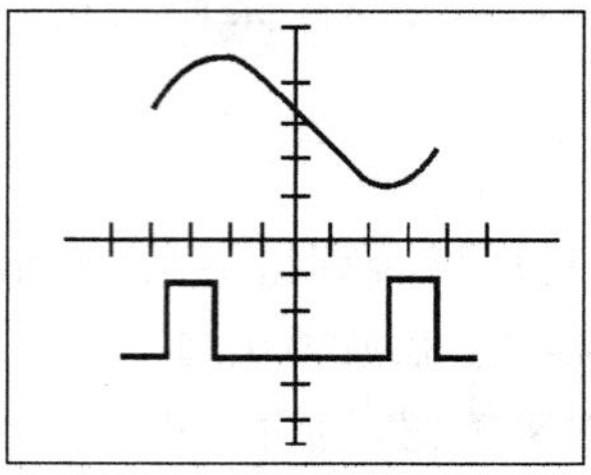

图　3.13

七、实验报告

(1) 整理实验中显示的各种波形，绘制有代表性的波形。

(2) 总结实验中所用仪器的使用方法及观测电信号的方法。

(3) 心得体会及其他。

实验六　RLC 串联谐振电路的研究

一、实验目的

(1) 验证电阻，感抗、容抗与频率的关系，测定 $R-f$，X_L-f 与 X_C-f 特性曲线。

(2) 加深理解阻抗元件端电压与电流间的相位关系。

二、实验设备

(1)YB2173 电子交流毫伏表 1 块；

(2)MOS—620 双踪示波器 1 台；

(3)DGJ—03 型电工技术实验台 1 个；

(4) 导线若干。

三、原理说明

1. R,L,C 元件的阻抗与其频率的关系

在低频正弦信号激励下，R,L,C 元件可以认为是理想的元件，根据欧姆定律，各元件两端的电压与流过其的电流分别有如下关系：

$$|Z|=\frac{U}{I}$$

$$\cos\varphi=\frac{P}{UI}$$

$$R=\frac{P}{I^2}=|Z|\cos\varphi,\quad X=|Z|\sin\varphi$$

$$|Z|=\sqrt{R^2+X^2}$$

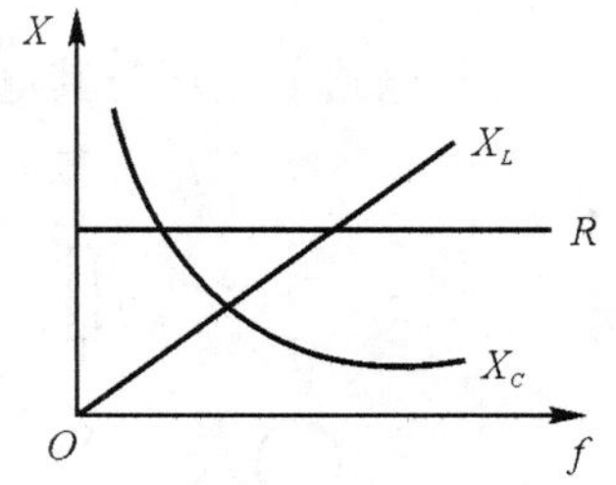

图 3.14　阻抗随频率变化曲线

纯电阻　　$R=\frac{U}{I}$

纯电感　　$\dot{U}=\mathrm{j}X_L\dot{I},\quad X_L=2\pi fL$

纯电容　　$\dot{U}=\mathrm{j}X_C\dot{I},\quad X_L=\frac{1}{2\pi fC}$

根据上述表达式，R,X_L,X_C 随频率变化的规律曲线如图 3.14 所示。对其阻抗的测量，目前一般采用测量元件两端的电压和流过元件的电流，通过计算得到。对于上式中的电压 U，可以用交流毫伏表测量，那么，电流 I 如何测量？通常采用间接的方法来测量。

我们知道，对于纯电阻来讲，其两端的电压与流过的电流同相。如将被测量元件与一纯电阻串联，由于它们的电流相同，所以只要测出纯电阻 r 上电压 U_r，根据公式 $I=U_r/r$，流过这个串联支路的电流 I 就可以知道了。阻抗的计算公式为

$$R=\frac{U}{I}=\frac{U}{U_r}r$$

$$X_L=\frac{U_L}{I}=\frac{U_L}{U_r}r$$

$$X_C=\frac{U_C}{I}=\frac{U_C}{U_r}r$$

在上述电路中，通过测量 r 上的电压来求得流过被测元件上的电流，因此，电阻 r 通常被称为电流取样电阻。为了使电阻 r 不对被测电路产生影响，要求电路 r 的阻值应远远小于被测元件的阻抗值。

2. RC，RL 电路阻抗角 φ 与频率的关系

对于图 3.15 所示电路，其等效阻抗 Z 为

$$Z=\frac{\dot{U}}{\dot{I}}=\frac{U\mathrm{e}^{\mathrm{j}\varphi_u}}{I\mathrm{e}^{\mathrm{j}\varphi_i}}=\frac{U}{I}\mathrm{e}^{\mathrm{j}(\varphi_u-\varphi_i)}=|Z|\mathrm{e}^{\mathrm{j}(\varphi_u-\varphi_i)}=|Z|\mathrm{e}^{\mathrm{j}\Delta\varphi}$$

式中，$\Delta\varphi=\varphi_u-\varphi_i$，为该电路阻抗角，也为该电路正弦信号电压与其电流的相位差。

对于 RL 电路，有

$$Z=r+\mathrm{j}X_L=|Z|\mathrm{e}^{\mathrm{j}\varphi}$$

其中
$$|Z|=\sqrt{r^2+X_L^2},\quad \varphi=\arctan\frac{X_L}{r}$$

对于 RC 电路，有

$$Z=r-\mathrm{j}X_C=|Z|\mathrm{e}^{\mathrm{j}\varphi}$$

其中
$$|Z|=\sqrt{r^2+X_C^2},\quad \varphi=-\arctan\frac{X_C}{r}$$

对于电路上电压与其电流的相位差，可以利用示波器来测量。

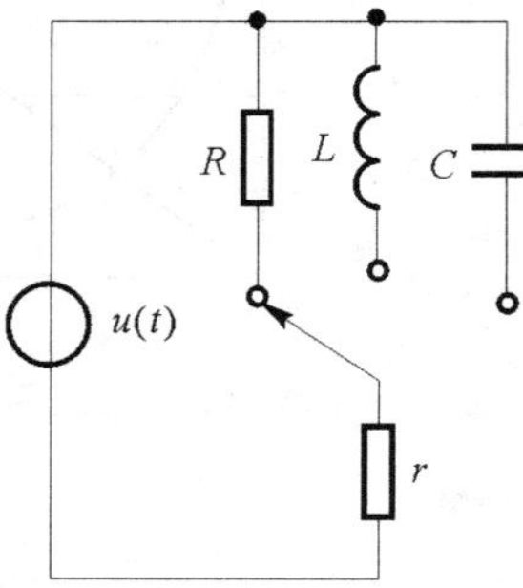

图 3.15　RLC 阻抗测量电路

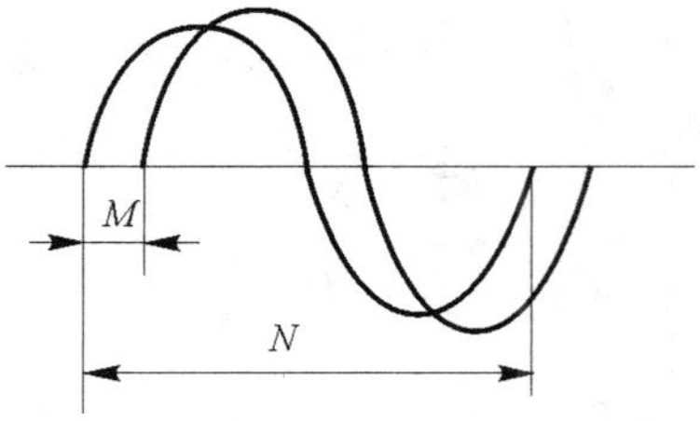

图 3.16　相位差测量波形

一般采用双迹法来测量相位差。将两个频率相同的信号电压接入双踪示波器的 CH1，CH2 输入端，Y 方式旋钮置“交替显示”。调节相关旋钮，使其在荧光屏上显示的波形大小差不多。将两个通道的输入耦合方式置“GND”端，将两条水平扫描线重合在同一条水平线上，再将输入耦合方式置“AC”端，则荧光屏上显示的波形就如图 3.16 所示，读出 M 值和 N 值，则两被测信号的相位差为

$$\varphi=(M/N)\times 360^\circ$$

由于示波器只能测量电压波形，对于电流需要在不改变其相位的前提下，将其转变为电压才能显示。在上述电路中，由于其电流相位与取样电阻的电压相位相同，这样，就将求取电路电压 $u(t)$ 与电流 $i(t)$ 的相位差转化为求该电路电压相位 $\dot{U}$ 与其$\dot{U}_r$ 间的相位差，测量电路以及显示的波形如图 3.17 所示。

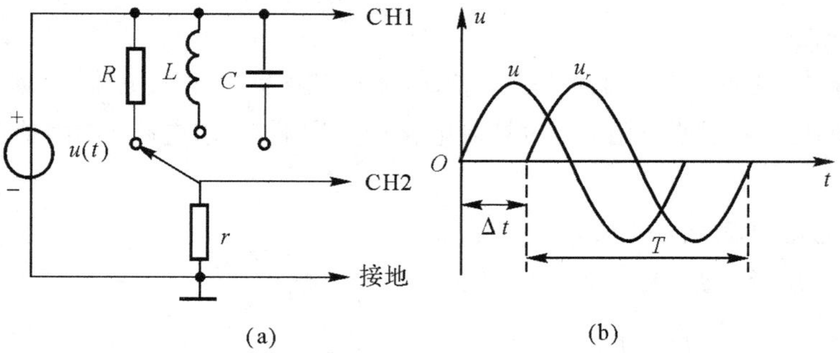

图 3.17　RLC 电路电压、电流相位差测量

四、实验内容

1. 测量 R,L,C 元件的阻抗-频率特性

实验电路如图 3.15 所示，$R=1\ \mathrm{k}\Omega$，$L=10\ \mathrm{mH}$，$C=2.2\ \mu\mathrm{F}$，$r=200\ \Omega$。调节信号源，使其输出电压 $U=3$ V 正弦波，并保持不变，用交流毫伏表测量电压值。

按要求测量在不同的频率下 R，X_L，X_C 的值，并记录在表 3.9 中。

表　3.9

被测元件＼频率		500 Hz	1 000 Hz	5 000 Hz	10 000 Hz
R	U_R/V				
	U_r/V)				
	R/ Ω				
L	U_L/V				
	U_r/V				
	X_L/ Ω				
C	U_C/V				
	U_r/V				
	X_C/ Ω				

2. 测量 $\Delta\varphi$ 与频率 f 的关系

按图 3.17 连接电路，调节信号源，使其输出电压 $U=3$ V 正弦波，并保持不变，分别观察 rL，rC 串联电路在不同频率下阻抗角的大小变化，并记录在表 3.10 中(表中 N 表示一个周期内波形所占的格数，M 表示两个波形的同相位点之间的格数)。

表　3.10

被测电路＼频率		500 Hz	1 000 Hz	5 000 Hz	10 000 Hz
rL	N 格				
	M 格				
	$\Delta\varphi$ 测量值				
	$\Delta\varphi$ 理论值				
rC	N 格				
	M 格				
	$\Delta\varphi$ 测量值				
	$\Delta\varphi$ 理论值				

五、注意事项

(1) 每次改变信号电源的频率后，注意调节输出电压(有效值)，使其保持为定值。

(2) 在测量 U_L 和 U_C 时，注意信号源和测量仪器(晶体管毫伏表或示波器等) 公共地线的接法。

六、思考题

(1) 实验中，当 RLC 串联电路发生谐振时，是否有 $U_R=U_s$ 和 $U_C=U_L$？若关系式不成立，试分析其原因。

(2) 可以用哪些实验方法判别电路处于谐振状态？

七、实验报告要求

(1) 根据实验数据，在坐标纸上绘出不同 Q 值下的通用幅频特性曲线、相频特性曲线以及 $U_L(\omega)$，$U_C(\omega)$ 曲线，分别与理论计算值相比较，并作简略分析。

(2) 通过实验总结 RLC 串联谐振电路的主要特点。

(3) 回答思考题。

实验七　RC 一阶电路的响应测试

一、实验目的

(1) 测定 RC 一阶电路的零输入响应、零状态响应及完全响应。

(2) 学习电路时间常数的测量方法。

(3) 进一步学会用示波器观测波形。

二、原理说明

1. 零状态响应

零状态响应是指当动态电路的初始储能为零(即初始状态为零) 时，仅由外加激励产生的响应。如图 3.18 所示为一阶电路和其零状态响应曲线。当开关打到“1” 位置时，电源通过电阻向电容充电，电容电压由零逐步升高，这就是零状态响应过程。随着时间的推移，当电容两端的电压 $u_C=U_s$ 时，电路达到稳定状态，响应结束。

其状态方程为

$$u_C=U_s(1-e^{-\frac{1}{\tau}t})$$

其中 $\tau=RC$，为时间常数。由上式可知，电容器的端电压 u_C 随着时间的增长按指数规律上升，其上升的速度取决于时间常数 τ 的大小。时间常数 τ 越小，u_C 上升得越快；反之，τ 越大，u_C 上升得越慢。当 $t=\tau$ 时，有

$$u_C(\tau)=0.632U_s$$

利用示波器，只要在曲线上找到电压为 $0.632U_s$ 的点，对应的时间 τ 就可以求得。

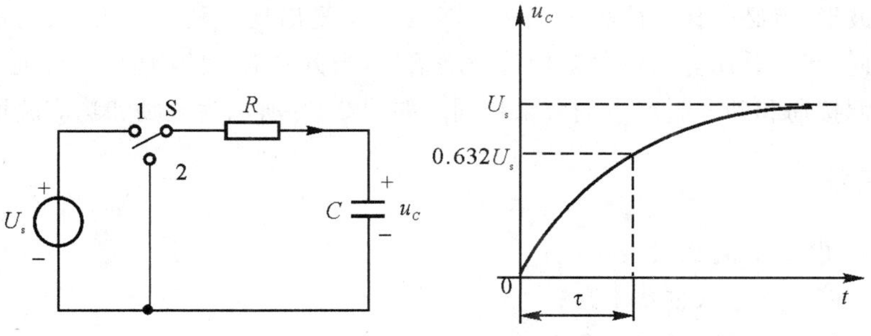

(a)　　　　　　　　(b)

图 3.18　一阶电路和其零输入响应曲线

2. 零输入响应

零输入响应是指在没有输入信号作用时，由电路中的动态元件的初始储能所产生的响应。如图 3.19 所示，在电路已处于充电稳定状态下，当开关打到“2”位置时，电容通过电阻放电，产生电流，这个过程就是零输入响应。随着时间的推移，电容两端的电压 u_C 逐渐减少，最终其能量被电阻 R 所全部消耗，电路进入了另一种稳定状态，响应结束。其状态方程为

$$u_C = U_s e^{-\frac{1}{\tau}t}$$

其状态响应曲线如图 3.19 所示。

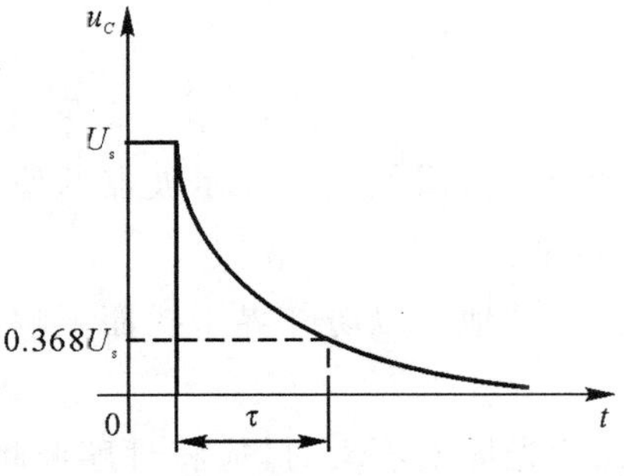

图 3.19　零输入状态响应曲线

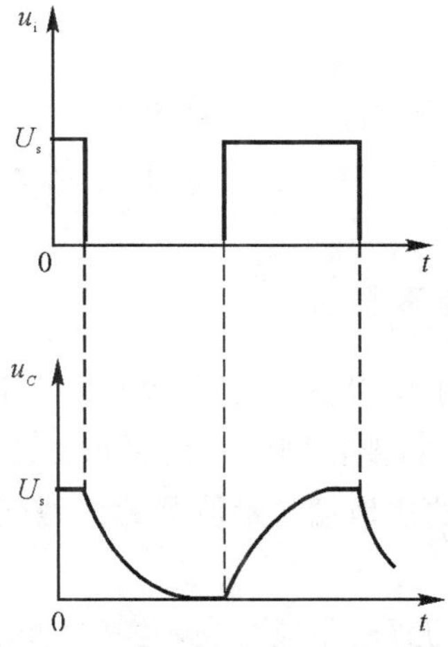

图 3.20　RC 电路激励与其响应波形

当 $t=\tau$ 时，有

$$u_C(\tau)=0.368U_s$$

当 $t=4\tau$ 时，$u_C(4\tau)=0.0184U_s$，电压已下降到初始值的 1.8%，一般认为这时电压已衰减到 0。因此，时间常数越小，电压衰减越快；反之，时间常数越大，电压衰减越慢。由此可见，RC 电路的零输入响应由电容器的初始电压 U_s 和电路的时间常数 τ 来确定。

在示波器所示的曲线上，找到电压为 $0.368U_s$ 的点，该点与其响应开始时所对应的时间就是 τ。

3. 零状态响应和零输入响应的实现

由于零状态响应和零输入响应均为暂态过程，持续时间很短，为了能在示波器上观测到连续

而稳定响应的波形，就必须让这两种过程在短时间内反复出现。利用开关，人为地去转换，这是不现实的。为此，我们利用方波信号来代替激励信号，当方波信号的周期$T \gg \tau$时，它所产生的效果与其直流电源接通和断开时产生的效果相同。如图3.20所示为激励和响应波形。

三、实验设备

(1)YB2173电子交流毫伏表1块；

(2)MOS—620双踪示波器1台；

(3)DGJ—03型电工技术实验台1个；

(4) 导线若干；

(5) 电阻箱1个。

四、实验内容

(1) 按图3.21所示电路连接线路，$R=10\ \text{k}\Omega$，$C=3\ 300\ \text{pF}$，激励信号$U_i=3\ \text{V}$，$f=1\ \text{kHz}$，占空比为1∶1的方波信号。用示波器CH1，CH2同时观测输入、输出波形，测量τ值。

(2) 改变R和C的值，取$R=30\ \text{k}\Omega$，$C=0.01\ \mu\text{F}$，用示波器CH1，CH2同时观测输入、输出波形，测量τ值。

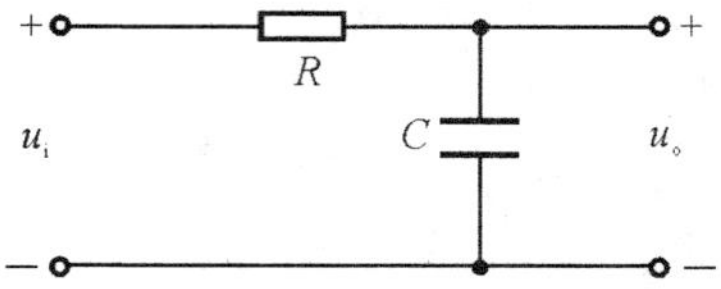

图3.21　一阶响应测试电路

五、实验注意事项

(1) 调节电子仪器各旋钮时，动作不要过快、过猛。实验前，需熟读双踪示波器的使用说明书。观察双踪时，要特别注意相应开关、旋钮的操作与调节。

(2) 信号源的接地端与示波器的接地端要连在一起(称共地)，以防外界干扰而影响测量的准确性。

(3) 示波器的辉度不应过亮，尤其是光点长期停留在荧光屏上不动时，应将辉度调暗，以延长示波管的使用寿命。

(4) 当用示波器测量τ值时，要注意波形的平移，使响应的起始点落在垂直刻度线上，被测量点落在水平刻度线上。

六、思考题

(1) 根据所学的知识，对观察到的微分和积分电路波形作出定性的、合理的解释。

(2) 推导零输入状态响应时，$u_C(\tau)=0.368U_s$。

(3) 由积分得到的三角波是不是标准的三角波？产生这种差异的原因是什么？

(4) 用示波器观察RC一阶电路零输入响应和零状态响应时，为什么激励必须是方波信号？

(5) 在RC一阶电路中，当R，C的大小变化时，对电路的响应有何影响？

七、实验报告要求

(1) 根据实验观测结果，在方格纸上绘出 RC 一阶电路充放电时 u_C 的变化曲线，由曲线测得 τ 值，并与参数值的计算结果作比较，分析误差原因。

(2) 根据实验观测结果，归纳、总结积分电路和微分电路的形成条件，阐明波形变换的特征。

(3) 心得体会及其他。

实验八　三表法测量电路等效参数

一、实验目的

(1) 学习常用的交流仪表(交流电压表、交流电流表、功率表及调压器)的使用方法。

(2) 掌握交流电压表、交流电流表和功率表测定交流电路的等效参数的方法。

(3) 通过实验加深对正弦电路中电压和电流相量概念的理解。

二、实验原理

交流电路的等效参数为电阻、电感和电容，而实际电路元件不是呈现单一参数的特性，在一定条件下实际电路元件可用一定的等效参数来表示。

正弦交流信号激励下的元件值或阻抗值，可以用交流电压表、交流电流表及功率表分别测量出元件两端的电压 U、流过该元件的电流 I 和它所消耗的功率 P，然后通过计算得到所求的各值，这种方法称为三表法，也是用以测量 50 Hz 交流电路参数的基本方法。

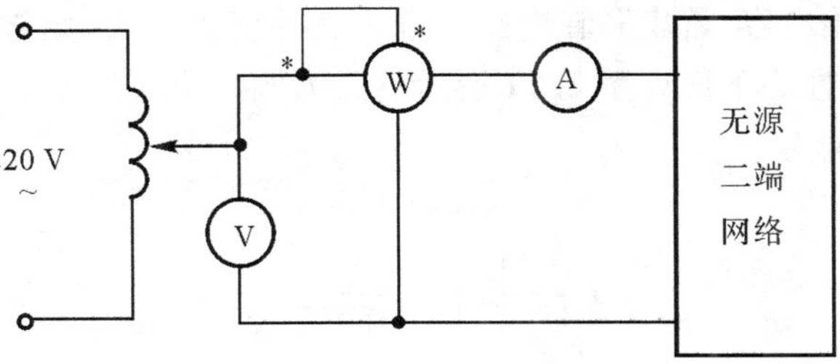

图 3.22　三表法测量无源网络的等效参数

1. 三表法测量等效参数的依据

(1) 阻抗的计算公式。

$$|Z|=\frac{U}{I},\quad \cos\varphi=\frac{P}{UI}$$

因

$$|Z|=\sqrt{R^2+X^2}$$

故

$$R=\frac{P}{I^2}=|Z|\cos\varphi,\quad X=|Z|\sin\varphi$$

当 $X=0$ 时，电路呈纯电阻性，$R=|Z|$；

当 $X>0$ 时，电路呈感性，其等效电感为 $L=|X/\omega|$；

当 $X<0$ 时，电路呈容性，其等效电容为 $C=|1/X\omega|$。

通过上面的分析可以看出，只要利用交流电压表、交流电流表和功率表，就可以求出该网络的等效电阻和等效电抗值，如果能判断出 X 的正负，那么阻抗的性质就不难确定。

(2) 阻抗性质的判别方法。

当 $\varphi=0$ 时，$X=0$，电路呈纯电阻；

当 $\varphi>0$ 时，$X>0$，电路呈感性；

当 $\varphi<0$ 时，$X<0$，电路呈容性。

因此，只要定性地测出阻抗角 φ 的正负或变化趋势，就可以确定阻抗的性质。

常用方法有以下三种。

第一种，用功率因数表直接测量功率因数 $\cos\varphi$ 的大小，从而判断电路阻抗的性质。

第二种，利用双踪示波器观察被测网络端口电压、电流之间的相位角(阻抗角)，其具体方法参见“实验六 RLC 串联谐振电路电路的研究”。测量时，需要取一个阻值很小的取样电阻 r 与其被测网络串联。其电路如图 3.23 所示。

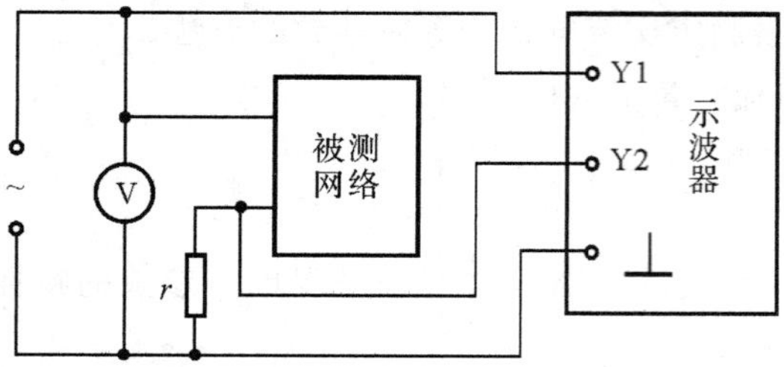

图 3.23 示波器测量阻抗角电路图

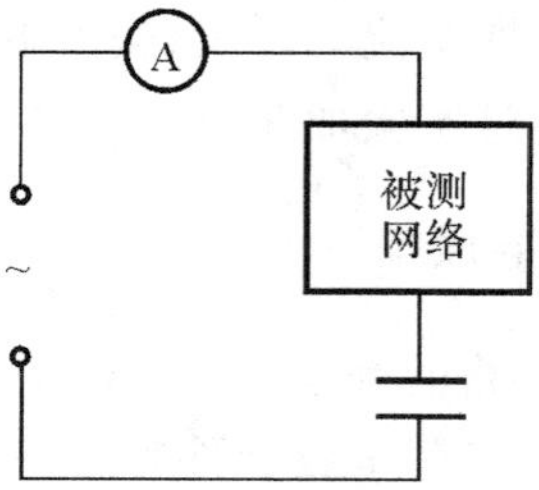

图 3.24 电容与其被测网络串联

第三种，在被测元件两端并联电容或串联电容的方法判别阻抗性质。在被测元件两端并联一只适当容量的试验电容，若串联在电路中电流表的读数增大，则被测阻抗为容性；若电流减小，则被测阻抗为感性。下面以图 3.24 所示电路为例讨论这种方法。

设被测网络的阻抗为

$$Z=R+\mathrm{j}X$$

则

$$I=\frac{U}{|Z|}=\frac{U}{\sqrt{R^2+X^2}}$$

在串联电容 C_0 后，整个电路的阻抗为

$$Z'=R+\mathrm{j}\left(X-\frac{1}{\omega C_0}\right)$$

$$I'=\frac{U}{|Z'|}=\frac{U}{\sqrt{R^2+\left(X-\frac{1}{\omega C_0}\right)^2}}$$

当 $X>0$，电路呈感性，$|Z|>|Z'|$，电路电流增加。

当 $X<0$，电路呈容性，$|Z|<|Z'|$，电路电流减少。

采用这种方法判断阻抗特性时，串联电容 C_0 应满足

$$C_0>\frac{1}{2\omega|X|}$$

在此条件下，当测量电压不变时，若串联电容后电流增加，则被测阻抗为感抗；若电流减

少,则被测阻抗为容抗。

2. 功率表的接线与使用

功率表的正确接法:为了不使功率表指针反向偏转,在电流线圈和电压线圈的一个端钮上标有“ * ”标记。连接功率表时,对有“ * ”标记的电流线圈一端,必须接在电源一端,另一端接至负载端;对有“ * ”标记的电压线圈一端,可以接电流线圈任一端,另一端应跨接到负载的另一端。

本实验所用的功率表为智能交流功率表,其电压接线端应与负载并联,电流接线端应与负载串联。其接法如图 3.25 所示。

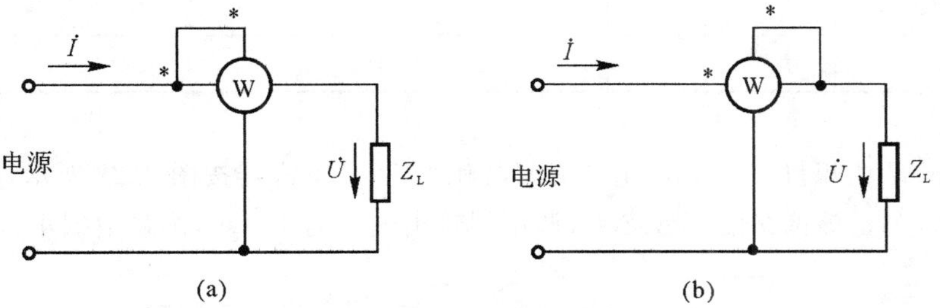

图 3.25　功率表接线与使用

图 3.25(a) 所示连接称为并联电压线圈前接法,功率表读数中包括了电流线圈的功耗,它适用于负载阻抗远大于电流线圈阻抗的情况。

图 3.25(b) 所示连接称为并联电压线圈后接法,功率表读数中包括了电压线圈的功耗,它适用于负载阻抗远小于功率表电压支路阻抗的情况。

三、实验设备

(1) 交流电流表 1 台;
(2) 交流电压表 1 台;
(3) 功率表 1 台;
(3)DGJ—03 型电工技术实验台 1 个;
(4) 导线若干;
(5)30 W 日光灯镇流器 1 个;
(6)4.7 μF/450 V 电容 1 个;
(7)15 W/220 V 白炽灯 1 个。

四、实验内容

(1) 按图 3.26 所示接线,并经指导教师检查后,方可接通市电电源。

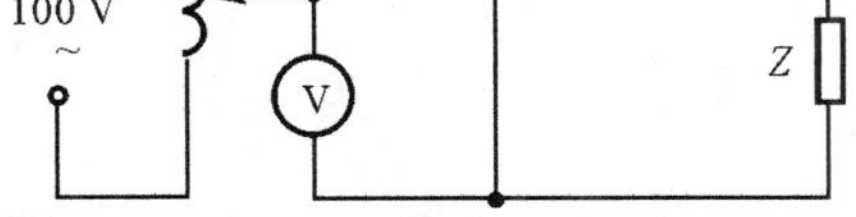

图 3.26　元件等效参数测试电路

(2) 分别测量 15 W 白炽灯(R)、30 W 日光灯镇流器(L) 和 4.7 μF 电容器(C) 的等效参数。要求阻抗性质判断采用第一种方法，调压器输出电压为 100 V，测量数据填入表 3.11 中。

表 3.11

被测阻抗	测量值			计算值			电路等效参数		
	U/V	I/A	P/W	$\cos\varphi$	Z/Ω	$\cos\varphi$	R/Ω	L/mH	C/μF
白炽灯 R									
电感线 L									
电容器 C									

(3) 将 15 W 白炽灯、30 W 日光灯镇流器和 4.7 μF 电容器按图 3.27 所示连接，组成一个无源二端网络，测量该网络的等效参数，调压器输出电压为 100 V，测量数据填入表 3.12 中。

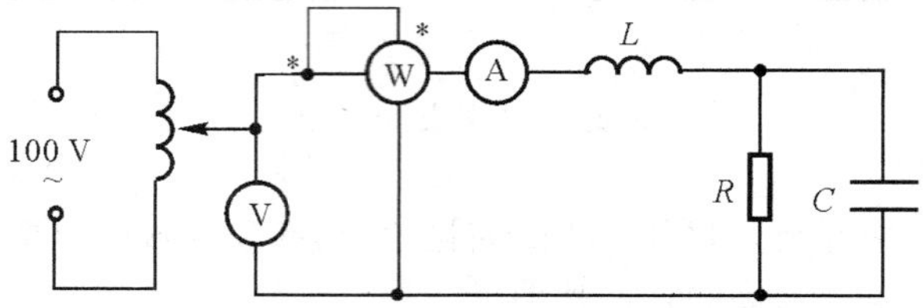

图 3.27　无源二端网络等效参数测量电路

表 3.12

测量项目	U/V	P/W	I/A	I'/A
理论值				
测量值				

五、实验注意事项

(1) 本实验用市电经调压器调节输出 100 V 供电，特别要注意人身安全，不可用手直接触摸通电线路的裸露部分，以免触电。进入实验室应穿绝缘鞋。

(2) 自耦调压器在接通电源前，应将其手柄置在零位上(逆时针旋到底)。调节时，使其输出电压从零开始逐渐升高。每次改接实验线路或实验完毕，都必须先将其手柄慢慢调回零位，再切断电源。必须严格遵守这一安全操作规程。

(3) 功率表要正确接入电路，读数时应注意量程和标度尺的折算关系。

(4) 功率表不能单独使用，一定要有电压表和电流表监测，使电压表和电流表的读数不超过功率表电压和电流的量限。

六、思考题

(1) 用交流 100 V 给 15 W/220 V 白炽灯供电，白炽灯实际消耗功率多少?

(2) 在实际测量等效参数中，电感 L 等效参数中除了有电感，为什么还有电阻?

(3) 如何用并联电容的方法判断阻抗性质?

七、实验报告要求

(1) 根据实验数据,完成各项计算。
(2) 分析功率表并联电压线圈前、后接法对测量结果的影响。
(3) 总结功率表与自耦调压器的使用方法。
(4) 心得体会及其他。

实验九　串联谐振电路研究

一、实验目的

(1) 学习测量 RLC 串联谐振电路的幅频特性;
(2) 通过测量幅频特性曲线,加深理解电路的“选频”特性;
(3) 加深理解品质因数 Q 的意义。

二、实验原理

1. 串联谐振的条件和特征

在 RLC 串联电路外加正弦电压 u_s,电路产生正弦电流 i。电感 L 两端的正弦电压 u_L 超前电流 90°,而电容 C 两端的正弦电压 u_C 落后电流 90°,所以 u_L 和 u_C 相位差 180°,它们有互相抵减的作用。当正弦信号频率为 f_0,u_L 和 u_C 相等时,它们就会互相抵消为零,外加电压 u_s 全部加至电阻上,电路电流 $i=\frac{u_s}{R}$ 为最大。这时就是所谓的串联谐振。

此时,电路的电抗为零,即

$$X=X_L-X_C=0$$

则电路的阻抗角为

$$\varphi=\arctan\frac{X}{R}=0$$

$$\omega_0 L=\frac{1}{\omega_0 C}$$

$$\omega_0=\frac{1}{\sqrt{LC}}$$

$$f_0=\frac{1}{2\pi\sqrt{LC}}$$

因此,改变信号频率,当 $\omega=\omega_0$ 时,电路中阻抗最小,电流最大,此时的频率 f_0 称为谐振频率。

2. 串联谐振电路幅频特性

串联电路的频域阻抗是

$$Z=R+\mathrm{j}\omega L-\mathrm{j}\frac{1}{\omega C}=R+\mathrm{j}\left(\omega L-\frac{1}{\omega C}\right)$$

阻抗的模值是

$$|Z|=\sqrt{R^2+\left(\omega L-\frac{1}{\omega C}\right)^2}$$

同时有

$$I=\frac{U_i}{|Z|=\sqrt{R^2+\left(\omega L-\frac{1}{\omega C}\right)^2}}$$

由此可见，在谐振时，电流最大，阻抗等于纯电阻 R（最小）。当频率低于谐振频率时，阻抗呈容性，模值增大；当频率高于谐振频率时，阻抗呈感性，模值也增大。谐振电路和幅频特性如图 3.28 所示。

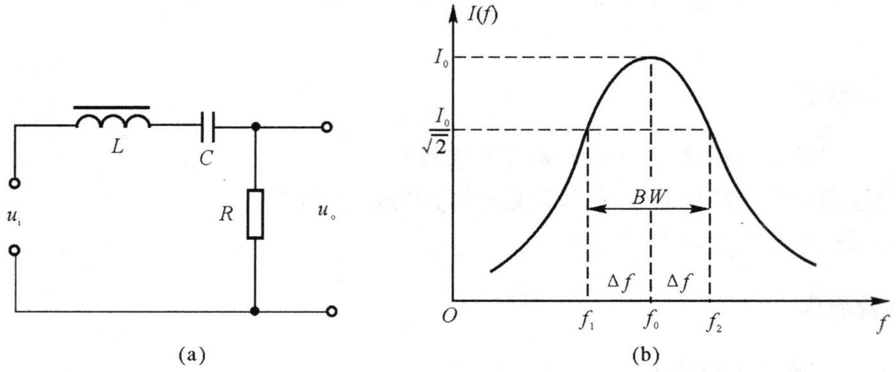

图 3.28　RLC 串联谐振电路与其幅频特性

从谐振特性曲线可见，频率偏离谐振点时，电流要下降。曲线下降到 0.707 处的频率称为“半功率”频率或“－3 dB”频率。半功率频率显然有两个。设上半功率频率为 f_1，下半功率频率为 f_2，f_2-f_1 称为电路的通频带宽度 BW。通频带越窄，表明 RLC 串联电路对信号的选择性越好。

3. 品质因数

电路有效电阻 R 越小，L 和 C 上的谐振电压 U_{L0}，U_{C0} 与外加电压 U_s 的比值越大，电路的选频性能越好。于是将这个电压比定义为谐振回路的品质因数 Q，即

$$Q=\frac{U_{L0}}{U_s}=\frac{U_{C0}}{U_s}$$

或

$$Q=\frac{\omega_0 L}{R}=\frac{1}{\omega_0 RC}$$

理论和实践证明，通频带 BW 与 Q 的关系为

$$BW=\frac{f_0}{Q}$$

上式表明，回路的 Q 值越高，谐振曲线越尖锐，电路的通频带就越窄，选择性越好；反之，回路的 Q 值越小，谐振曲线越平坦，电路的通频带就越宽，选择性越差。

4. 品质因数 Q 的测量

电路品质因数 Q 值有两种测量方法。

(1) 根据公式 $Q=\dfrac{U_L}{U_s}=\dfrac{U_C}{U_s}$ 测定，U_C 与 U_L 分别为谐振时电容器 C 和电感线圈 L 上的电压。

(2) 通过测量谐振曲线的通频带宽度 $\Delta f=f_2-f_1$，再根据

$$Q=\frac{f_0}{f_2-f_1}$$

求出 Q 值。式中，f_0 为谐振频率，f_2 和 f_1 是失谐时，亦即输出电压的幅度下降到最大值的 $1/\sqrt{2}(=0.707)$ 倍时的上、下频率点。

在恒压源供电时，电路的品质因数、选择性与通频带只决定于电路本身的参数，而与信号源无关。

三、实验设备

(1)YB2173 电子交流毫伏表 1 台；
(2)MOS—620 双踪示波器 1 台；
(3)DGJ—03 型电工技术实验台 1 个；
(4) 导线若干；
(5) 电阻、电感、电容数只。

四、实验内容

按图 3.29 所示连接电路。

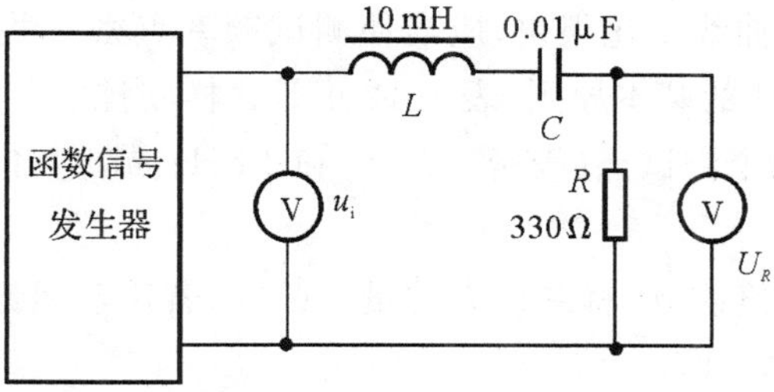

图 3.29　RLC 串联谐振测量电路

1. 测量电路谐振频率

(1) 在输入端加一个有效值为 1 V 的正弦交流信号(用交流毫伏表测量)。

(2) 先估算出谐振频率 f_0，令信号源的频率在 f_0 左右由小逐渐变大(注意要维持信号源的输出幅度不变)。当测得 U_R 为最大时，电路处于谐振状态，此时信号发生器上显示的频率即为实际谐振频率 f_0。同时测量此谐振频率下的 U_{R0}，U_{C0} 与 U_{L0}(注意及时更换毫伏表的量限)。计算谐振电流 I_0 和电路的品质因数 Q，并将数据记入表 3.12 中。

注意：测量 U_{C0} 与 U_{L0} 时，应将电路中电感 L 和电容 C 的位置与电阻 R 的位置互换，保证被测元件的一端与电源共地。

2. 测量半功率频率点

(1) 利用 $U_R=0.707U_{R0}$，计算上下半功率频率点的电阻上 U_R 值。

(2) 分别增加和减小信号的频率，分别记录 $U_R=0.707U_{R0}$ 时，对应的信号频率值 f_1，f_2。

表 3.12

测量次数	1	2	3	4	5	6	7	8	9	10	11	12	13
频率 f/Hz	2						f_0						20
电压 U_R/V													
U/U_R				0.707						0.707			

(3) 在谐振点两侧，按频率递增或递减 500 Hz 或 1 kHz，依次各取 8 个测量点，逐点测出 U_R，U_L，U_C 的值，记入表 3.13。

表 3.13

f_0/Hz	U_{R0}/V	U_{L0}/V	U_{C0}/V	I_0/mA	Q	f_L	f_H

五、实验注意事项

(1) 每次改变信号源的频率，都应保持输出信号电压的为 1 V。

(2) 在测量确定 f_1，f_0 和 f_2 这 3 点频率时，必须反复、细致测量，才能找出正确的数值。在谐振点附近应多测量几点。

(3) 在谐振点的邻近，曲线变化很快，应当使测试频率点密一些，这样画出的曲线才较为准确。这是画频率特性曲线的基本原则，表 3.12 正是这样安排的。其中，f_0 放在正中第 7 项，f_1 和 f_2 靠近 f_0，中间有两个测试点(较密)，而 f_1 和 2 kHz，或 f_2 和 20 kHz之间较宽，也只有两个测试点。

(4) 测量 U_C 和 U_L 数值前，应将毫伏表的量程改大，若用双通道交流毫伏表测量时，注意两通道不要共地，各自独立工作。

六、思考题

(1) 改变电路的哪些参数可以使电路发生谐振？电路中 R 的数值是否影响谐振频率？

(2) 如何判别电路是否发生谐振？测试谐振点的方案有哪些？

(3) 要提高串联电路的品质因数，电路参数应如何改变？

(4) 电路发生串联谐振时，为什么输入电压 u 不能太大？如果信号源给出 1 V 的电压，电路谐振时，用交流毫伏表测 U_L 和 U_C，应该选择用多大的量限？为什么？

七、实验报告要求

(1) 根据测量数据，绘出不同 Q 值时三条幅频特性曲线，即 $U_R(f)$，$U_L(f)$，$U_C(f)$。

(2) 计算出通频带与 Q 值，说明不同 R 值时对电路通频带与品质因数的影响。

(3) 对两种不同的测量 Q 值的方法进行比较，分析误差产生的原因。

(4) 谐振时，比较输出电压 U_o 与输入电压 U_i 是否相等，试分析原因。

(5) 通过本次实验，总结、归纳串联谐振电路的特性。

(6) 心得体会及其他。

实验十　三相交流电路的连接

一、实验目的

(1) 掌握三相负载作星形连接和三角形连接的方法，验证这两种接法下线、相电量之间的关系。

(2) 充分理解三相四线供电系统中中线的作用。

二、原理说明

电力系统的供电方式多为三相四线制形式，即三根相线和一根中线，分别用 U，V，W 和 N 表示。相线和中线之间的电压称为相电压，两根相线之间的电压称为线电压。对称的三相四线制的线电压是相电压的$\sqrt{3}$ 倍。

三相电源电压的幅值相同、频率相同、彼此之间的相位差为 120°，该三相电压称为对称的三相电压。

在三相电源对称的情况下，三相负载可以接成星形（Y 接）或三角形（△ 接）。三相四线制电源的电压值一般是指线电压的有效值。如“三相 380 V 电源”是指线电压为 380 V，其相电压为 220 V；而“三相 220 V 电源”则是指线电压为 220 V，其相电压为 127 V。

1. 负载作 Y 形连接

Y 形连接：三相负载末端接在一起，并从末端的连接点引出一条线，称为中线 N，中线连同三个负载首端 U，V，W 接电源，这种供电方式也称为三相四线制 Y_0 供电。其连接方式如图 3.30(a) 所示。

当负载采用三相四线制连接时，即在有中线的情况下，不论负载是否对称，线电压U_L是相电压 U_P 的$\sqrt{3}$ 倍，线电流 I_L 等于相电流 I_P，即

$$U_L=\sqrt{3}U_P,\quad I_L=I_P$$

当负载对称时，各相电流相等，流过中线的电流 $I_0=0$，所以可以省去中线。

当负载不对称而又有中线时，则

$$U_L=\sqrt{3}U_P,\quad I_L=I_P,\quad I_0\neq 0$$

当负载不对称而又无中线时，则

$$U_L\neq\sqrt{3}U_P$$

负载的三个相电压不再平衡，各相电流也不相等，致使负载轻的那一相因相电压过高而遭受损坏，负载重的一相也会因相电压过低而不能正常工作。

所以，不对称三相负载作 Y 连接时，必须采用三相四线制接法，即 Y_0 接法，以保证三相不对称负载的每相电压维持对称不变。

2. 负载作 △ 形连接

△ 形连接：三相负载首尾按相序依次接在一起，并从三个连接点处引出三根导线接电

源。其连接方式如图 3.30(b) 所示。

当三相负载作△形连接时，不论负载是否对称，其相电压均等于线电压，即 $U_L=U_P$；当负载对称时，其相电流也对称，相电流与线电流之间的关系为

$$I_L=\sqrt{3}I_P,\quad U_L=U_P$$

若负载不对称，则

$$I_L\neq\sqrt{3}I_P,\quad U_L=U_P$$

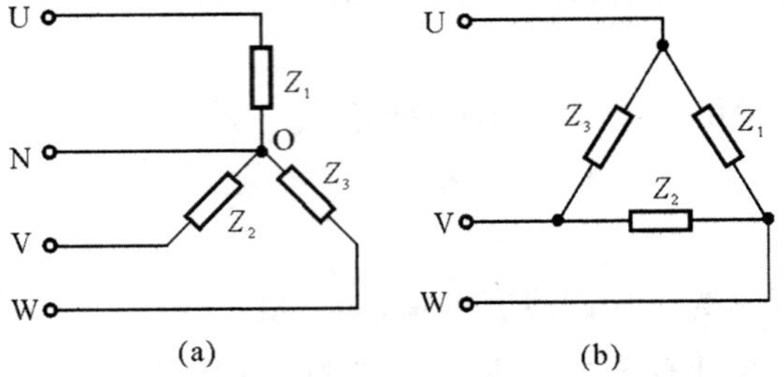

图 3.30　负载的 Y 形连接与△形连接图

3. 三相电源及相序的判断

为防止三相负载不对称而又无中线时相电压过高而损坏灯泡，本实验采用“三相 220 V 电源”，即线电压为 220 V，可以通过三相自耦调压器来实现。

三相电源的相序是相对的，表明了三相正弦交流电压到达最大值的先后次序。

判断三相电源的相序可以采用图 3.31 所示的相序指示器电路，它是由一个电容器和两个瓦数相同的白炽灯连接成的 Y 接不对称三相电路。假定电容器所接的是 A 相，则灯光较亮的一相接的是电源的 B 相，灯光较暗的一相即为电源的 C 相(可以证明此时 B 相电压大于 C 相电压)。

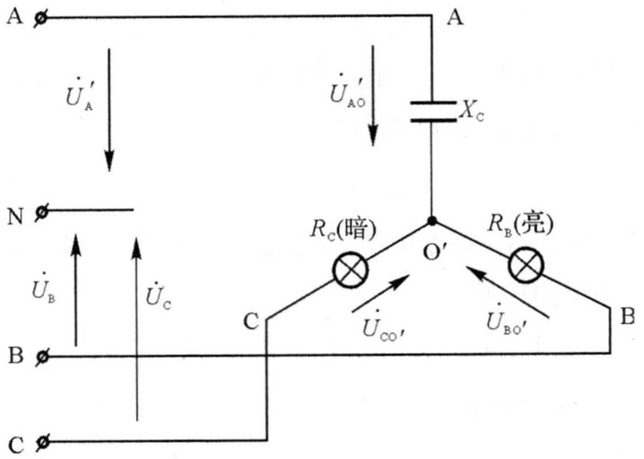

图 3.31　相序指示器电路

三、实验设备

(1) 交流电流表 1 台；

(2) 交流电压表 1 台；

(3)DGJ—03 型电工技术实验台 1 个；

(3)15 W/220 V 白炽灯数只；

(4) 导线若干。

四、实验内容

1. 负载作 Y 形连接

按图 3.32 连接实验电路，三相对称电源经三相自耦调压器接到三相灯负载。首先检查三相调压器的旋柄是否置于输出为 0 V 的位置(即逆时针旋到底的位置)，经指导教师检查合格后，方可合上三相电源开关；然后调节调压器的旋柄，使输出的三相线电压为 110 V。

分别在下列三种情况下，观察灯泡亮度的变化，并测量三相线电压、负载相电压、线电流、中线电流和两中点电压，并将测量数据记于表 3.14 中。

(1) 负载对称，有中线；

(2) 负载不对称(将 U 相两个灯泡全部关掉)，有中线；

(3) 负载不对称，无中线。

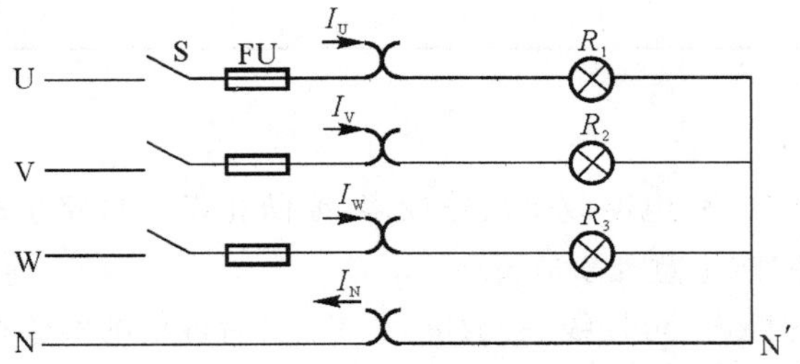

图 3.32　负载作 Y 形连接实验电路

表　3.14

负载 / 中线	开灯数			线电压 /V			相电压 /V			线电流 /A			I_N/A
	U	V	W	U_{UV}	U_{VW}	U_{WU}	$U_{UN'}$	$U_{VN'}$	$U_{WN'}$	I_U	I_V	I_W	
有中线	1	1	1										
有中线	1	1	0										
无中线	1	1	0										

2. 负载作 △ 形连接

按图 3.33 连接实验电路，三相对称电源经三相自耦调压器接到三相灯负载。首先检查三相调压器的旋柄是否置于输出为 0 V 的位置(即逆时针旋到底的位置)，经指导教师检查合格后，方可合上三相电源开关；然后调节调压器的旋柄，使输出的三相线电压为 110 V。

分别在下列两种情况下，观察灯泡亮度的变化，并测量三相线电压、相电压、相电流，将测量数据记于表 3.15 中。

(1) 负载平衡；

(2) 负载不平衡。

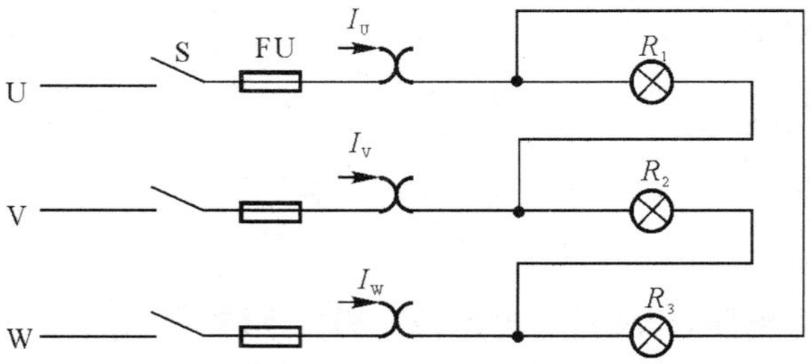

图 3.23　负载作△形连接实验电路

表　3.15

测量内容 负载	开灯数			线电压/V			线电流/A			相电流/A		
	U	V	W	U_{UV}	U_{VW}	U_{WU}	I_U	I_V	I_W	I_{UN}	I_{VN}	I_{WN}
负载平衡	1	1	1									
负载不平衡	1	1	0									

五、实验注意事项

(1) 本次实验中电压较高，电路改接次数较多，要防止发生短路事故。实验时要注意人身安全，不可触及导电部件，防止意外事故发生。

(2) 必须严格遵守先断电、再接线、后通电，先断电、后拆线的实验操作原则。

(3) 星形负载作短路实验时，必须首先断开中线，以免发生短路事故。

(4) 实验时，白炽灯会发热，要防止烫伤。

六、思考题

(1) 三相负载根据什么原则作 Y 形或△形连接？

(2) 三相负载按 Y 形或△形连接，它们的线电压与相电压、线电流与相电流有何关系？当三相负载对称时又有何关系？

(3) 说明在三相四线制供电系统中中线的作用，中线上能安装保险丝吗？为什么？

七、实验报告要求

(1) 根据测量数据，验证三相电源线电压和相电压的关系。

(2) 根据测量数据，分别验证 Y 形和△形连接时，对称和不对称情况下，各相值与线值的关系。

(3) 根据实验结果，说明中线的作用。在什么情况下必须有中线，在什么情况下可不要中线？

(4) 心得体会及其他。

实验十一　互感电路观测

一、实验目的

(1) 学会互感电路同名端、互感系数以及耦合系数的测定方法。

(2) 理解两个线圈相对位置的改变以及用不同材料作线圈芯时对互感的影响。

二、原理说明

1. 互感线圈同名端的测定

两个或两个以上具有互感的线圈中,感应电压极性相同的端钮定义为同名端。在电路中,常用"•"或"＊"等符号标明互感耦合线圈的同名端。同名端可以用实验方法来测定,常用的有直流法和交流法。

2. 判断互感线圈同名端的方法。

(1) 直流法。如图 3.34 所示,当开关 S 闭合瞬间,若毫安表的指针正偏,则可断定"1","3"为同名端;指针反偏,则"1","4"为同名端。

(2) 交流法。如图 3.35 所示,将两个绕组 N_1 和 N_2 的任意两端(如 2,4 端)连在一起,在其中的一个绕组(如 N_1)两端加一个低电压,另一绕组(如 N_2)开路,用交流电压表分别测出端电压 U_{13},U_{12} 和 U_{34}。若 U_{13} 是两个绕组端电压之差,则 1,3 是同名端;若 U_{13} 是两绕组端电压之和,则 1,4 是同名端。

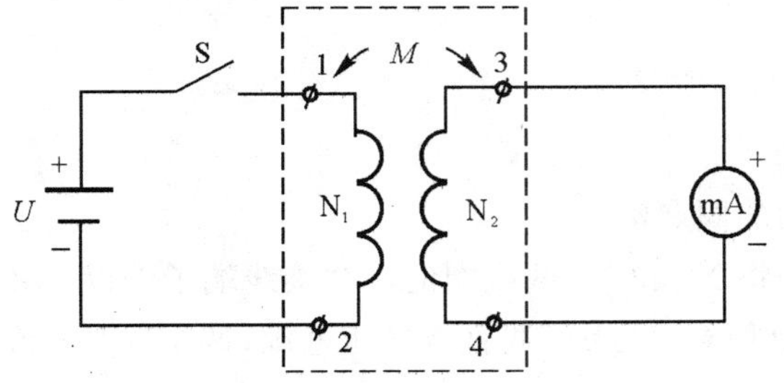

图 3.34　直流法测互感线圈同名端

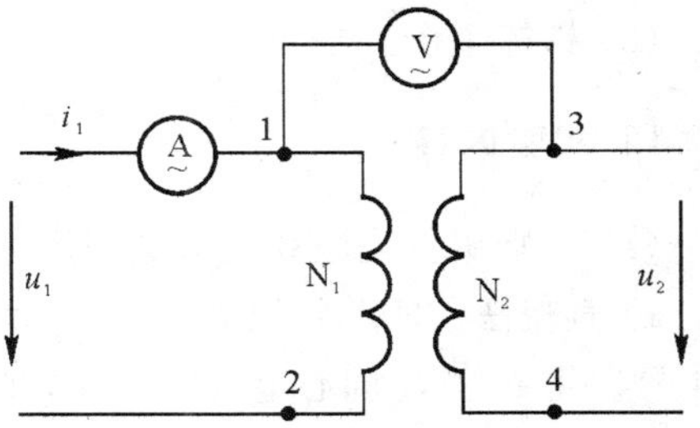

图 3.35　交流法测互感线圈同名端

3. 互感系数 M 的测定

如图 3.36 所示为两个互感耦合线圈的电路,耦合线圈的互感系数为 M。当线圈 a,b 端接角频率为 ω 的正弦交流电压源 u_s,线圈 c,d 端开路时,则 c,d 两端的开路电压有效值为

$$U_{cd}=\omega M I_1$$

式中,I_1 是线圈 ab 的电流有效值。这样,可得耦合线圈的互感系数为

$$M=\frac{U_{cd}}{\omega I_1}$$

可见,只要测得 L_1 上的电流 I_1 和 L_2 的感应电压 U_{cd},利用上式就可以求得互感系数 M。需要指出的是,为了减少测量误差,应尽量选用内阻较大的电压表和内阻较小的电流表。

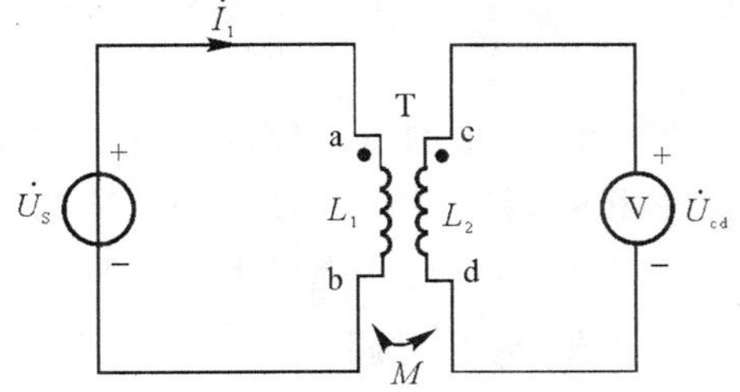

图 3.36　互感系数的测定

4.耦合系数 k 的测定。

两个互感线圈耦合松紧的程度可用耦合系数 k 来表示,即

$$k=M/\sqrt{L_1L_2}$$

如图 3.35 所示,先在 N_1 侧加低压交流电压 U_1,测出 N_2 侧开路时的电流 I_1;然后再在 N_2 侧加电压 U_2,测出 N_1 侧开路时的电流 I_2。求出各自的自感 L_1 和 L_2,即可算得 k 值。

三、实验设备

(1) 交流电流表 1 台;

(2) 交流电压表 1 台;

(3)DGJ—03 型电工技术实验台 1 个;

(4)YB2173 电子交流毫伏表 1 台;

(5) 导线若干;

(6) 空心互感线圈 1 个;

(7) 自耦调压器 1 台;

(8) 铁棒 1 个。

四、实验内容

(1) 分别用直流法和交流法测定互感线圈的同名端。

1) 直流法。实验线路如图 3.37 所示。先将 N_1 和 N_2 两线圈的 4 个接线端子编以 1,2 和 3,4 号。将 N_1,N_2 同心地套在一起,并放入细铁棒。U 为可调直流稳压电源,调至 5 V。流过 N_1 侧的电流不可超过 0.4 A(选用 5 A 量程的数字电流表)。N_2 侧直接接入 2 mA 量程的毫安表。将铁棒迅速地拔出和插入,观察毫安表读数正、负的变化,来判定 N_1 和 N_2 两个线圈的同名端。

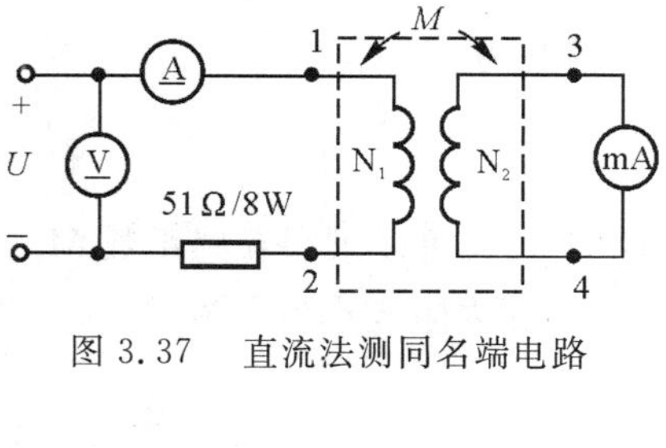

图 3.37　直流法测同名端电路

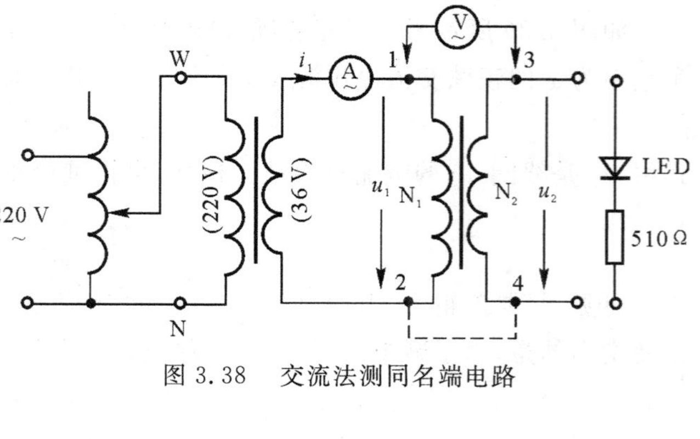

图 3.38　交流法测同名端电路

2) 交流法。本方法中,由于加在 N_1 上的电压较低,直接用调压器很难调节,因此采用如图 3.38 所示的线路来扩展调压器的调节范围。图中,W,N 为自耦调压器的输出端,B 为 DGJ—03 型实验台中的升压铁芯变压器,此处作降压用。将 N_2 放入 N_1 中,并在两线圈中插入铁棒。Ⓐ为 2.5A 以上量程的电流表,N_2 侧开路。

接通电源前,应首先检查自耦调压器是否调至零位,确认后方可接通交流电源。令自耦调压器输出一个很低的电压(约 12 V),使流过电流表的电流小于 1.4 A,然后用交流电压表测量

U_{13},U_{12},U_{34},判定同名端。

拆去2,4连线,并将2,3相接,重复上述步骤,判定同名端。

(2) 拆除2,3连线,测U_1,I_1,U_2,计算出M。

(3) 将低压交流加在N_2侧,使流过N_2侧电流小于1 A,N_1侧开路,按步骤(2)测出U_2,I_2,U_1。

(4) 用万用表的$R\times 1$挡分别测出N_1和N_2线圈的电阻值R_1和R_2,计算k值。

(5) 观察互感现象。在图3.38的N_2侧接入LED发光二极管与510 Ω(电阻箱)串联的支路。

1) 将铁棒慢慢地从两线圈中抽出和插入,观察LED亮度的变化及各电表读数的变化,记录现象。

2) 将两线圈改为并排放置,并改变其间距,分别或同时插入铁棒,观察LED亮度的变化及仪表读数。

3) 改用铝棒替代铁棒,重复1),2)的步骤,观察LED的亮度变化,记录现象。

五、实验注意事项

(1) 在整个实验过程中,注意流过线圈N_1的电流不得超过1.4 A,流过线圈N_2的电流不得超过1 A。

(2) 测定同名端及其他测量数据的实验中,都应将小线圈N_2套在大线圈N_1中,并插入铁芯。

(3) 做交流实验前,首先要检查自耦调压器,要保证手柄置在零位。由于实验时加在N_1上的电压只有2～3 V,因此调节时要特别仔细、小心,要随时观察电流表的读数,不得超过规定值。

六、思考题

(1) 什么是自感?什么是互感?在实验室中如何测定?

(2) 如何判断两个互感线圈的同名端?若已知线圈的自感和互感,两个互感线圈相串联的总电感与同名端有何关系?

(3) 互感的大小与哪些因素有关?各个因素如何影响互感的大小?

七、实验报告要求

(1) 总结对互感线圈同名端、互感系数的实验测试方法。

(2) 自拟测试数据表格,完成计算任务。

(3) 解释实验中观察到的互感现象。

(4) 心得体会及其他。

第四部分　综合性、设计性实验

实验一　日光灯电路的研究

一、实验目的

(1) 了解日光灯电路的工作原理。
(2) 研究正弦稳态交流电路中电压、电流相量之间的关系。
(3) 理解改善电路功率因数的意义。
(4) 设计交流电路中的补偿电容器。
(5) 会利用三表法测定镇流器等效参数。

二、实验方案与原理说明

1. 相量形式的基尔霍夫定律

在单相正弦交流电路中，用交流电流表测得各支路的电流值，用交流电压表测得回路各元件两端的电压值，它们之间的关系应满足相量形式的基尔霍夫定律，即

$$\sum \dot{I}=0 \tag{4-1}$$

和

$$\sum \dot{U}=0 \tag{4-2}$$

对简单的RC串联电路和RL串联电路，因为L,C元件上的电压相量总是与R元件上的电压相量垂直，所以存在以下关系：

$$U_s=\sqrt{U_C^2+U_R^2} \quad 或 \quad U_s=\sqrt{U_L^2+U_R^2}$$

RC串联电路的电压相量三角形如图4.1所示。

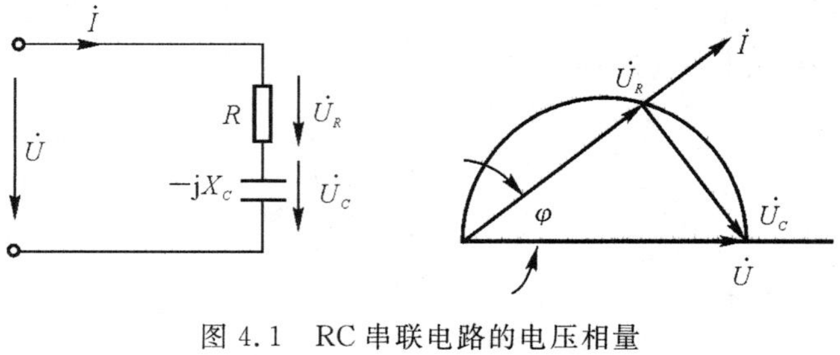

图4.1　RC串联电路的电压相量

2. 日光灯线路的工作原理

日光灯线路如图4.2所示。日光灯管A内壁涂有荧光粉，管内充有惰性气体和少量水

银。管两端各有一组灯丝电极，灯丝加热后会发射电子。镇流器 L 是一个带铁芯的电感线圈，在电路中起限流、降压作用。启辉器 S 中有一个辉光放电管和一个并联小电容。辉光放电管内有一个由两个不同热膨胀系数的金属片粘合在一起的弯曲的热敏开关。小电容跟热敏开关和灯管都是并联的，可消除开关火花和灯管产生的无线电干扰。

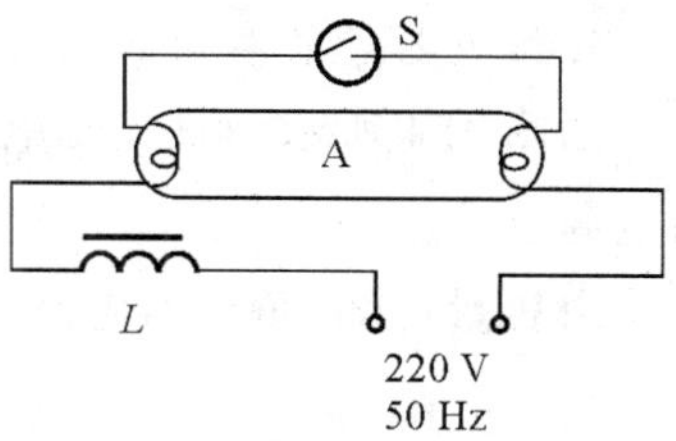

图 4.2　日光灯线路图

当电源开关接通时，热敏开关是断开的，220 V 交流电几乎加在启辉器上，其管内产生强电场使辉光放电，弯曲的双金属被加热，于是热膨胀使热敏开关闭合。这时启辉器辉光熄灭，同时灯丝发热而发射热电子。发射出的热电子使灯管内水银产生气体并处于电离状态。双金属片很快冷却，热敏开关断开，镇流器中电流突变，产生高压使灯管中气体放电而导通。紫外线激励灯管内壁的荧光粉，发出柔和的可见光。

灯管导通后的电压远小于启辉器辉光放电的电压，所以启辉器保持断开状态。

不同功率的日光灯有不同的工作电压和电流，因此要有不同的日光灯的镇流器和其匹配。例如 20 W 的日光灯，导通后的工作电压是 60 V，工作电流是 350 mA；40 W 的日光灯，导通后的工作电压是 108 V，工作电流是 370 mA。

3. 功率因数补偿和补偿电容器的计算

图 4.2 所示日光灯电路可以等效为一个 RL 负载。灯管可看成纯电阻，镇流器是铁芯线圈。电感很大，而直流电阻很小。将电源加入日光灯电路，设电压为 u，电流为 i，则可知它消耗的有功功率为

$$P=\int_0^t ui\,\mathrm{d}t \tag{4-3}$$

代入

$$u=U\sin\omega t,\quad i=I\sin(\omega t-\varphi) \tag{4-4}$$

可以得到

$$P=UI\cos\varphi=UI_0 \tag{4.5}$$

功率的有效电流是 I_0，而实际流入电流是 I，比 I_0 大得多。这就要求电源有供大电流的能力，而且大电流在外线路中流动，增大了损耗功率。

$\cos\varphi$ 称为功率因数。当功率因数为 1 时，$I=I_0$，外线路电流最小，全为有功电流。电厂很希望把功率因数提高到 1 或接近 1。

对感性负载，提高功率因数的方法是在负载上并联一个适当大小的电容器 C（称为补偿电容器），即电容的无功电流去补偿电感的无功电流，使外线路电流（即电路的总电流）减少。

由图 4.3 所示的电流相量关系，可求得补偿电容的大小为

$$C=\frac{I_C}{\omega U}=\frac{P}{2\pi f U^2}(\tan\varphi-\tan\varphi') \tag{4.6}$$

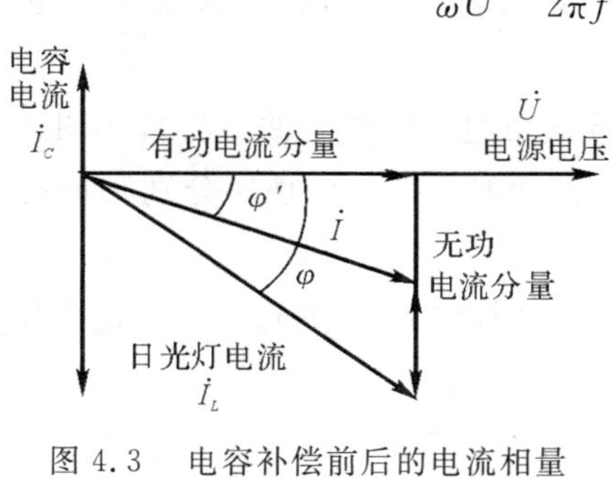

图 4.3　电容补偿前后的电流相量

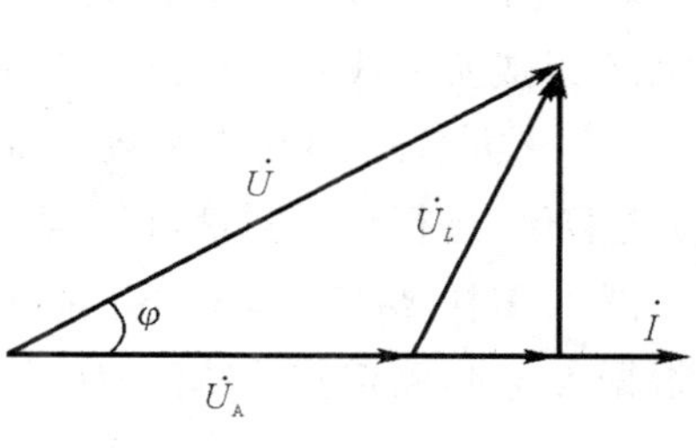

图 4.4　日光灯电压相量三角形

4. 镇流器等效参数的测定

如图 4.4 所示为日光灯电压相量三角形，其中 U_A 为灯管端电压，U_L 为镇流器端电压，U 为电源电压。

由相量可知，镇流器电感等效阻抗为

$$X_L = \frac{U\sin\varphi}{I} \tag{4-7}$$

镇流器等效电感为

$$L = \frac{U\sin\varphi}{2\pi f I} \tag{4.8}$$

镇流器等效电阻为

$$R = \frac{U\cos\varphi - U_A}{I} \tag{4.9}$$

三、实验设备

(1) 0 ～ 220 V 单相交流电源 1 台；

(2) 三相自耦调压器 1 台；

(3) 交流电压表 1 台；

(4) 交流电流表 1 台；

(5) 功率表 1 台；

(6) 15 W/220 V 白炽灯 2 台；

(7) 与 30 W 灯管配用镇流器 1 台；

(8) 1 μF，2 μF，4.7 μF/450 V 电容器各 1 个；

(9) 与 30 W 灯管配用启辉器 1 个；

(10) 30 W 日光灯灯管 1 个；

(11) 电门插座 3 个。

四、实验内容

(1) 日光灯线路接线与测量。

按图 4.5 组成实验线路，经指导教师检查后，接通市电 220 V 电源。调节自耦调压器的输出，使其输出电压缓慢增大，直到日光灯刚启辉点亮为止，记下三表的指示值。然后将电压调至 220 V，测量功率 P，电流 I，电压 U，U_L，U_A 等值，记入表 4.1 中，验证电压、电流相量关系。

(2) 并联电路 —— 电路功率因数的改善。

按图 4.6 组成实验线路，经指导教师检查后，接通市电 220 V 电源。将自耦调压器的输出调至 220 V，记录功率表、电压表读数。通过一只电流表和三个电门插座分别测量三条支路的电流，改变电容值，进行重复测量，记入表 4.2 中。

(3) 在图 4.2 中，要将功率因数提高到 0.9 以上，计算电容 C，并选择合适的耐压。

(4) 根据表 4.1，测定实验镇流器的等效参数。

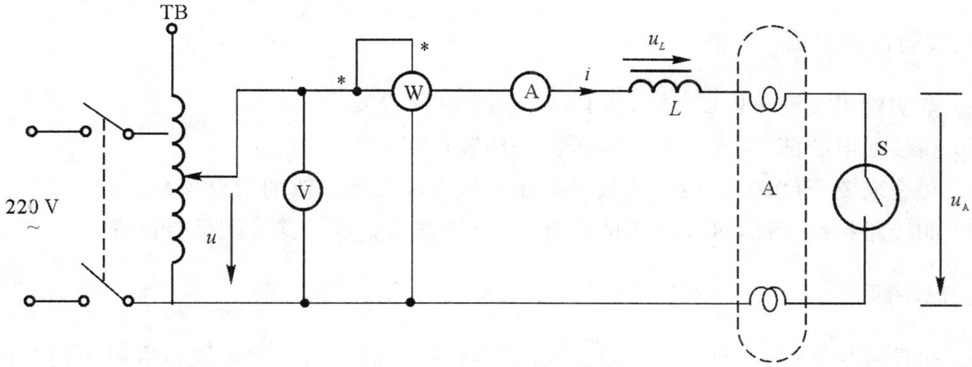

图 4.5　日光灯线路接线与测量

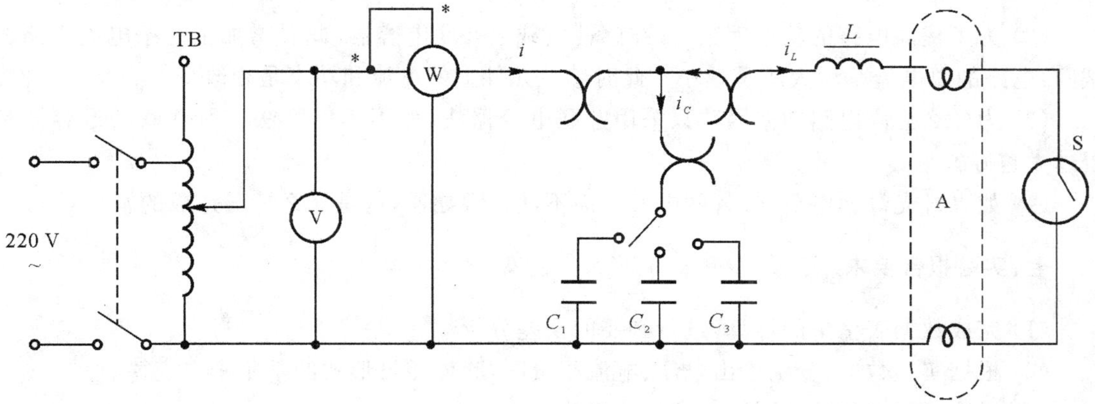

图 4.6　功率因数补偿实验线路

表　4.1

	P/W	$\cos\varphi$	I/A	U/V	U_L/V	U_A/V
启辉值						
正常工作值						

表　4.2

电容值 μF	测量数值						
	P/W	U/V	I/A	I_L/A	I_C/A	日光灯 $\cos\varphi$	整个电路 $\cos\varphi$
0							
1							
2							
4.7							

五、实验注意事项

(1) 本实验用交流市电 220 V,务必注意用电和人身安全。
(2) 在接通电源前,应先将自耦调压器手柄置在零位上。
(3) 功率表要正确接入电路,读数时要注意量程和实际读数的折算关系。
(4) 如线路接线正确,日光灯不能启辉时,应检查启辉器及其接触是否良好。

六、思考题

(1) 在日常生活中,当日光灯上缺少了启辉器时,人们常用一根导线将启辉器的两端短接一下,然后迅速断开,使日光灯点亮;或用一只启辉器点亮多只同类型的日光灯。这是为什么?

(2) 为了提高电路的功率因数,常在感性负载上并联电容器,此时增加了一条电流支路。试问:电路的总电流是增大还是减小?此时感性元件上的电流和功率是否改变?

(3) 为什么提高电路功率因数只采用并联电容器法,而不用串联法?所并联的电容器是否越大越好?

(4) 如果日光灯通电后,灯管两端发红而不能正常导通,这是什么情况造成的?

七、实验报告要求

(1) 完成数据表格中的计算,进行必要的误差分析。
(2) 根据实验数据,分别绘出电压、电流相量图,验证相量形式的基尔霍夫定律。
(3) 讨论改善电路功率因数的意义和方法。
(4) 装接日光灯线路的心得体会及其他。

实验二　万用表电路设计与组装

一、实验目的

(1) 熟悉模拟万用表的基本原理。
(2) 会设计与组装简易万用表,并能正确调试。
(3) 初步掌握电烙焊接方法。
(4) 进一步掌握电流计满偏电流和内阻的测量方法。

二、设计要求和技术指标

1. 设计要求
(1) 中心电阻阻值的相对误差小于 10%。
(2) 直流电压、电流各挡各量程的准确等级不低于 2.5 级。
2. 设计挡位和量程
(1) 直流电压挡:2 V 和 10 V 量程。
(2) 直流电流挡:5 mA 和 10 mA 量程。

(3) 电阻挡：$R\times 1k$ 量程。

三、实验设备

电流表头、电阻、直流电源、电位器、开关、导线。

四、设计基本方法

1. 表头内阻和灵敏度

表头内阻是指动圈绕组的直流电阻，可用前述实验一的方法测得。如要求测量精度高些，则可用直流电桥来测量，如图 4.7 所示。图中，$R_1=R_2$，R_n 采用标准电阻箱，R_x 为表头内阻，P 为高灵敏度的检流计，R_P 为限流电阻(其值调整应保证被测表头指针不会超过满偏)。当 $R_x=R_n$ 时，检流计 P 指示为零，R_n 表示值为表头内阻。

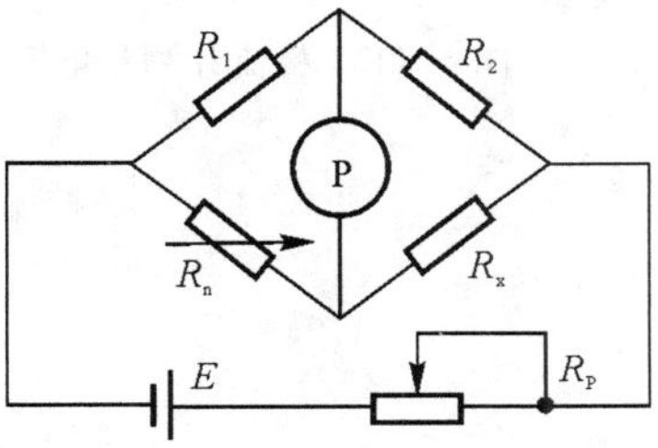

图 4.7　用直流电桥测量表头内阻

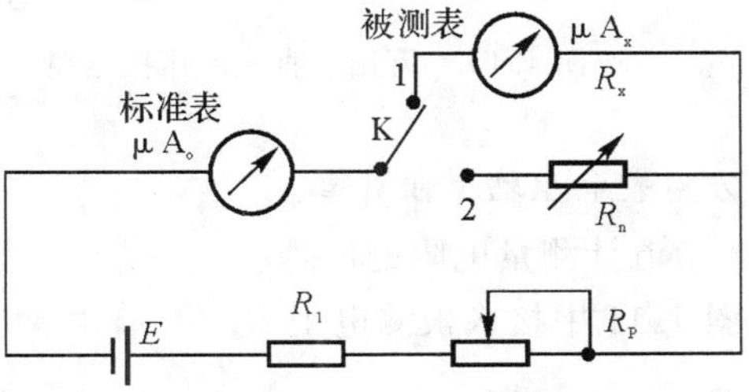

图 4.8　测量灵敏度表头和内阻

表头灵敏度即是最小直流挡的满偏值。要测表头灵敏度应选用高于被测表 1～2 级的标准表，如图 4.8 所示。K 拨到"1"测表头灵敏度，K 拨到"2"用替代法测表头内阻。

2. 万用表直流电流挡分流电阻计算

图 4.9 是万用表直流电流挡的电路，不同电流挡其分流电阻不同。

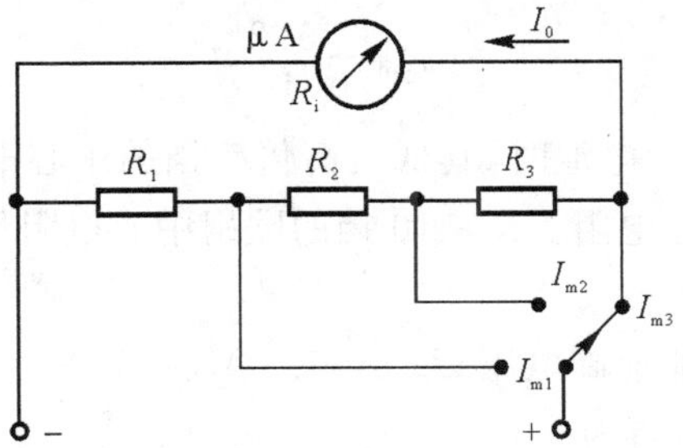

图 4.9　万用表直流电流挡电路

(1) 按最小电流挡位的电流量限 I_{min}，首先计算出分流电路总电阻。因

$$(R_1+R_2+R_3)(I_{min}-I_0)=R_iI_0 \tag{4-10}$$

故

$$(R_1+R_2+R_3)=\frac{R_iI_0}{I_{min}-I_0} \tag{4-11}$$

式中，I_0 为表头灵敏度；R_i 为表头内阻。

(2) 计算各挡分流电路中的电阻值。对 I_{m2} 可计算 R_3，因

$$(R_1+R_2)(I_{m2}-I_0)=(R_3+R_i)I_0 \tag{4-12}$$

故
$$R_3=\frac{(I_{m2}-I_0)(R_1+R_2+R_3)-R_iI_0}{I_{m2}-2I_0} \tag{4-13}$$

3.万用表直流电压挡附加电阻计算

图 4.10 是万用表直流电压挡的电路，其分压的附加电阻为

$$R_m=\frac{U_m}{I_0}-R_i \tag{4-14}$$

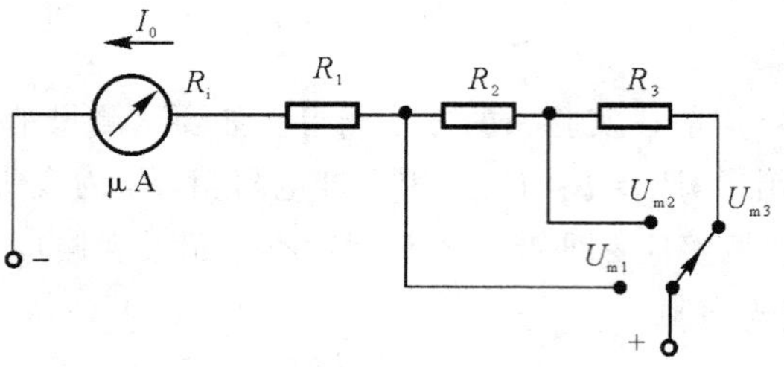

图 4.10 万用表直流电压挡电路

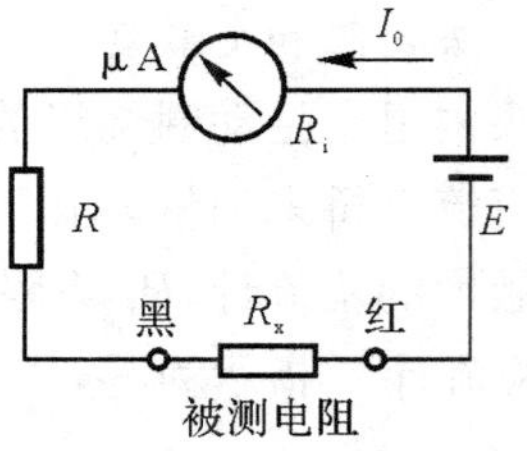

图 4.11 检流计测量电阻

4.万用表电阻挡电阻计算

(1) 检流计测量电阻的原理。

在图 4.11 中接入被测电阻 R_x 后，有

$$I=\frac{E}{R_i+R+R_x} \tag{4-15}$$

当 E 不变时，通过表头的工作电流随 R_x 变化，其值与被测电阻 R_x 不成正比关系，所以测量电阻的标度尺的分度是不均匀的。

(2) 电阻挡"欧姆中心"的确定。

在图 4.12 中，R_0 为零欧姆调整电阻。由于电池通常工作电压为 1.3 ~ 1.65 V，因此计算欧姆中心电阻时以 1.2 V 考虑，即

$$R_{中}=\frac{1.2}{I_0} \tag{4.16}$$

若表量限是 1 mA，则用一节干电池时，其低压高倍率挡的中心电阻为 1 200 Ω，因此 1 200 Ω 就作为 $R\times100$ 挡的欧姆中心电阻。$R\times10$ 挡的欧姆中心电阻值是 120 Ω。

(3) 零欧姆调整电阻计算。

在图 4.12 中，一节干电池最高电压 $U_{max}=1.7$ V，一节干电池最低电压 $U_{min}=1.3$ V。

当 $R_x=0$ 时，电路工作电流为

$$I_{max}=\frac{U_{max}}{R_{中}} \tag{4-17}$$

$$I_{min}=\frac{U_{min}}{R_{中}} \tag{4-18}$$

不论是 I_{max} 还是 I_{min}，表头均要指在满刻度。

$$R'_0+R_0=\frac{R_iI_0}{I_{min}-I_0} \tag{4-19}$$

$$R'_0=\frac{(R'_0+R)I_{min}}{I_{max}} \tag{4-20}$$

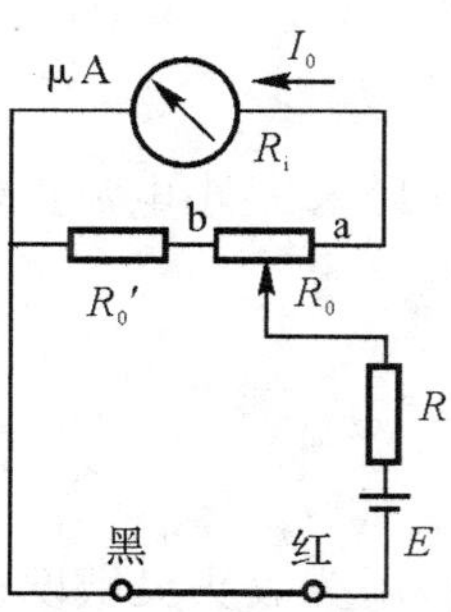

图 4.12 零欧姆调整电阻

串联电阻 R 的计算：

$$R_0=(R'_0+R_0)-R'_0 \tag{4-21}$$

$$R=R_{中}-\frac{\left(R_i+\frac{1}{2}R_0\right)\left(R'_0+\frac{1}{2}R_0\right)}{\left(R_i+\frac{1}{2}R_0\right)+\left(R'_0+\frac{1}{2}R_0\right)} \tag{4-22}$$

五、实验报告要求

(1) 写出设计电路的计算过程。

(2) 用所设计的万用表测量电压、电流和电阻，并分析其误差(与 2.0 级电工仪表相比较)。

(3) 提出改进设计的想法。

实验三　波形变换器设计与测试

一、实验目的

(1) 设计一个简单 RC 微分电路，将方波变换成尖脉冲波。

(2) 设计一个简单 RC 积分电路，将方波变换成三角波。

二、实验方案与原理说明

1. 微分电路

微分电路是常用的波形变换电路，它可将矩形脉冲波(或方波)信号变换成为尖脉冲波。当电路时间常数 τ 远小于输入的矩形脉冲宽度 T_0 时，则在脉冲作用的时间 T_0 内，电容器暂态过程相对于脉冲宽度来说可以很快结束，于是暂态电流或电阻上的输出电压就是一个正向尖脉冲，如图 4.13(b) 所示。当矩形脉冲结束时，输入电压突变到零，电容器放电，放电电流在电阻上形成一负尖脉冲，因为时间常数相同，所以正、负尖脉冲波形相同。由于 $T_0 \gg RC$，所以相对脉冲宽度，暂态持续时间很短，电容电压波形接近输入脉冲宽度，故有

$$u_C(t)\approx u_1(t)$$

因为

$$i_C(t)=C\frac{\mathrm{d}u_C(t)}{\mathrm{d}t}$$

所以有

$$u_2(t_0)=Ri_C(t)=RC\frac{\mathrm{d}u_C}{\mathrm{d}t}\approx RC\frac{\mathrm{d}u_1(t)}{\mathrm{d}t} \tag{4-23}$$

式(4-23)说明输出电压 $u_2(t)$ 近似与输入电压的导数成正比，这就是微分电路名称的由来。

由上述分析可知，一个 RC 串联分压电路要满足微分电路应有一定条件，通常应使脉冲宽度至少比时间常数大 5 倍以上，即

$$T_0 \geqslant 5RC \tag{4-24}$$

RC 越小，输出电压越接近输入电压的微分。

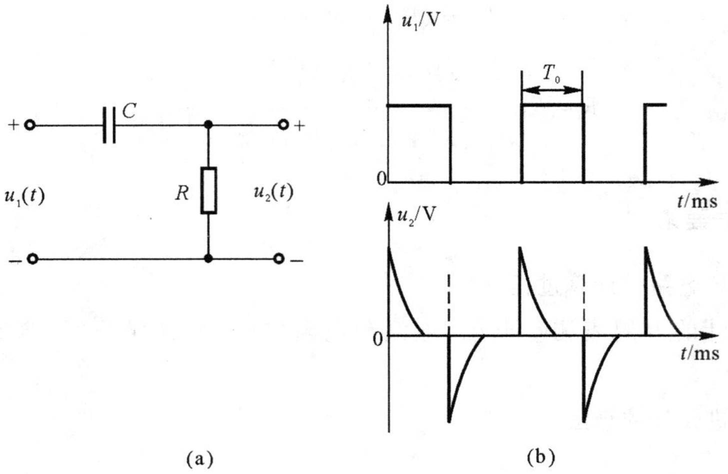

图 4.13　微分电路

2. 积分电路

积分电路是另一种常用的波形变换电路,它是将矩形变换成三角波的一种电路。最简单的积分电路也是一种 RC 串联分压电路,只是它的输出电压是电容两端电压 $u_C(t)$,而且电路的时间常数远大于脉冲持续时间 T_0,如图 4.14(b) 所示。因 $RC \gg T_0$,故电阻的电压接近输入电压,即

$$u_R(t) \approx u_1(t)$$

又因为输出电压

$$u_2(t) = u_C(t) = \frac{1}{C}\int i(\tau)\mathrm{d}\tau$$

所以

$$u_2(t) = \frac{1}{C}\int \frac{u_R(\tau)}{R}\mathrm{d}\tau = \frac{1}{RC}\int u_1(\tau)\mathrm{d}\tau \qquad (4-25)$$

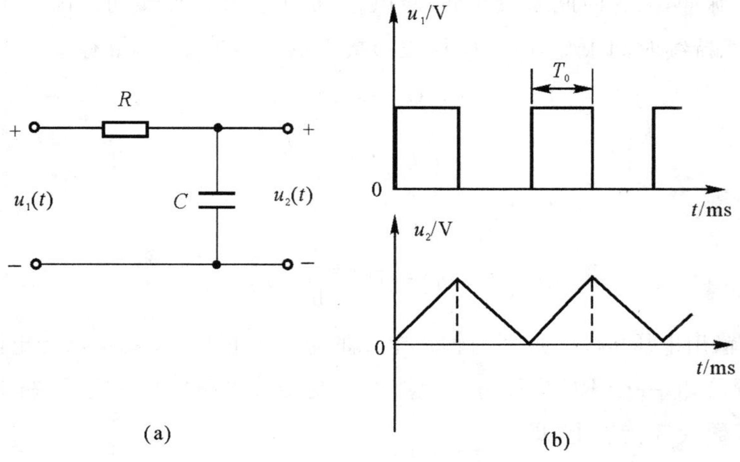

图 4 - 14　积分电路

输出电压 $u_2(t)$ 近似与输入电压的积分成正比，如图 4－14(b) 所示。

同样，一个 RC 串联分压电路要满足积分电路应有一定条件，通常应使时间常数至少比脉冲宽度大 5 倍以上，即

$$\tau = RC \geqslant 5T_0 \qquad (4-26)$$

三、实验设备

双踪示波器、函数信号发生器、电阻箱、电容箱。

四、实验内容及步骤

设计一个 RC 微分电路，将输入频率为 5 kHz、电压 $U_{P\text{-}P}$ 为 2 V 的方波信号变换为尖脉冲信号。给定 $R=6\ \text{k}\Omega$，试计算电容的取值范围。选 3 个不同大小的 C 值（其中一个在取值范围之外），观察输入、输出波形并记录。

设计一个 RC 积分电路，将输入频率为 5 kHz、电压 $U_{P\text{-}P}$ 为 2 V 的方波信号变换为尖脉冲信号。给定 $C=0.11\ \mu\text{F}$，试计算电阻 R 的取值范围。选 3 个不同大小的 R 值（其中一个在取值范围之外），观察输入、输出波形并记录。

仍是第 2 步中的积分电路，输入频率为 5 kHz、电压 $U_{p\text{-}p}$ 为 2 V 的方波信号、占空比 $\frac{T_0}{T}=\frac{1}{4}$ 的矩形脉冲，如图 4.15 所示，观察输入、输出波形与第 2 步的输出有何不同。

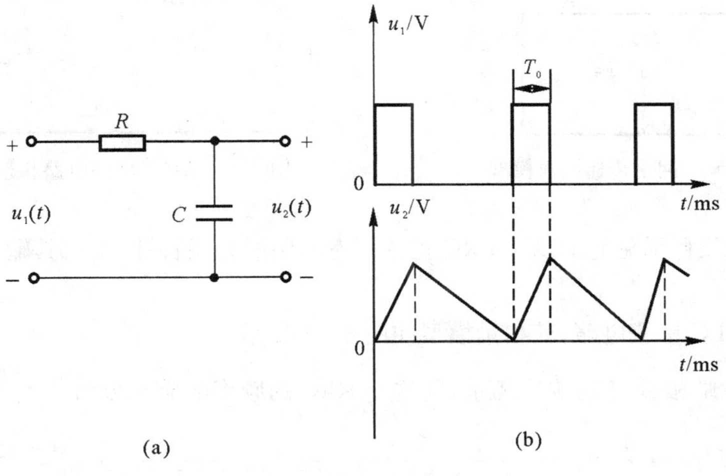

图 4.15　RC 积分电路

五、实验报告要求

(1) 写出设计电路的计算过程。

(2) 将电路波形定量描绘在坐标纸上，并分析得出的结论。

(3) 写出实验心得体会。

实验四　移相电路设计与测试

一、实验目的

(1) 掌握移相电路的设计与测试方法。

(2) 加深对“移相”概念的理解，了解移相器的用途。

二、实验原理方案说明

当电路处于稳态时，其输入激励与输出响应的关系可用网络的传递函数来表示，如图4.16所示。

$$H(\mathrm{j}\omega)=\frac{\dot{U}_2}{\dot{U}_1}=|H(\mathrm{j}\omega)|\,\mathrm{e}^{\mathrm{j}\varphi(\omega)} \tag{4-27}$$

显然，$H(\mathrm{j}\omega)$ 是频率 ω 的函数，称为网络的频率响应函数或电路的频率特性。

$H(\mathrm{j}\omega)$ 反映电路本身结构和元件参数，与激励无关。传递函数的模 $|H(\mathrm{j}\omega)|$ 是电路响应与输入激励的幅值之比，称为网络的幅频特性；幅角 $\varphi(\omega)$ 代表电路响应超前或滞后输入的相位角，称为网络的相频特性。

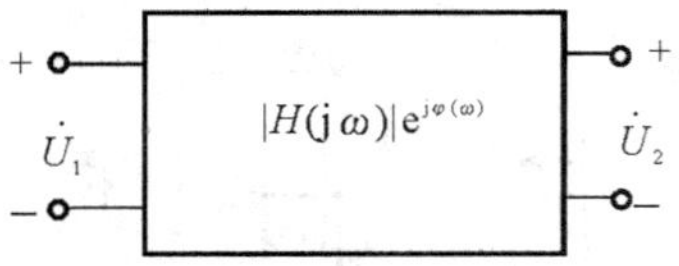

图 4.16　网络传递函数模型

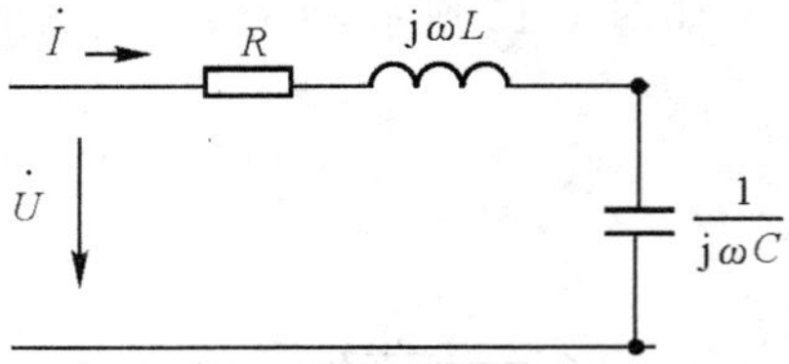

图 4.17　RLC 串联电路相量模型

下面将分析几种常见的 RLC 和 RC 正弦稳态电路的相频特性，求出其输出与输入信号的相位关系。

对于一个 RLC 串联电路，其相量模型如图 4.17 所示。

如果 $\dot{U}$ 为激励相量，$\dot{I}$ 为响应相量，则这个 RLC 的频率响应函数为

$$H(\mathrm{j}\omega)=\frac{\dot{U}}{\dot{I}}=\frac{1}{R+\mathrm{j}\omega L+\frac{1}{\mathrm{j}\omega C}}=\frac{1}{\sqrt{R^2+\left(\omega L-\frac{1}{\omega C}\right)^2}}\mathrm{e}^{-\mathrm{j}\arctan\frac{\omega L-\frac{1}{\omega C}}{R}} \tag{4-28}$$

相频特性为

$$\varphi(\omega)=\arctan\frac{\omega L-\frac{1}{\omega C}}{R} \tag{4-29}$$

可见：

当 $\omega L>\frac{1}{\omega C}$ 时，说明电流滞后于电压。

当 $\omega L<\frac{1}{\omega C}$ 时，说明电流超前于电压。

当 $\omega L=\dfrac{1}{\omega C}$ 时，说明电流与电压同相，相位差为零。

由此可见，该电流的相频特性是随着 ω 从 0 变到 ∞，$\varphi(\omega)$ 将从 $-90°$ 变到 $+90°$，其相频特性曲线如图 4.18 所示。

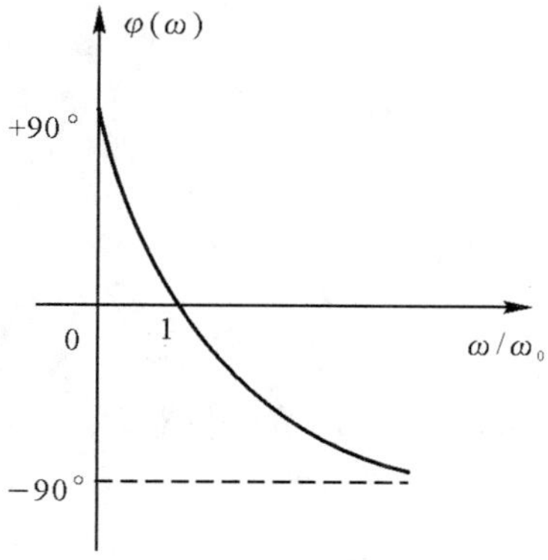

图 4.18　RLC 相频特性曲线

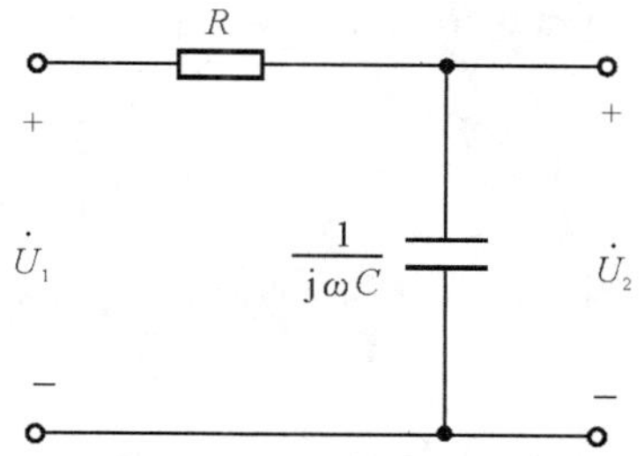

图 4.19　RC 串联电路相量模型

对于一个 RC 串联电路，如果 $\dot{U}_1$ 为激励相量，$\dot{U}_2$ 为响应相量，其相量模型如图 4.19 所示，则这个 RC 电路的频率响应函数为

$$H(\mathrm{j}\omega)=\frac{\dot{U}_2}{\dot{U}_1}=\frac{1}{1+\mathrm{j}\omega CR}=\frac{1}{\sqrt{1+(\omega CR)^2}}\mathrm{e}^{-\mathrm{j}\arctan\omega CR} \tag{4-30}$$

因此，相频特性为

$$\varphi(\omega)=-\arctan\omega CR \tag{4-31}$$

由于幅角始终小于 0，说明响应电压始终滞后于激励电压。相频特性如图 4.20 所示，当 ω 从 0 变到 ∞，$\varphi(\omega)$ 将从 $0°$ 变到 $-90°$；当 $\omega=\omega_0$ 时，该网络移相 $-45°$。

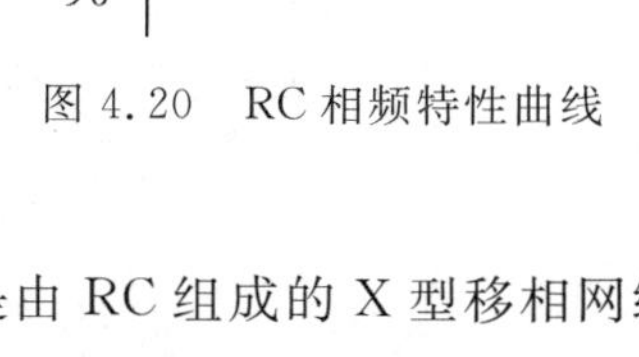

图 4.20　RC 相频特性曲线

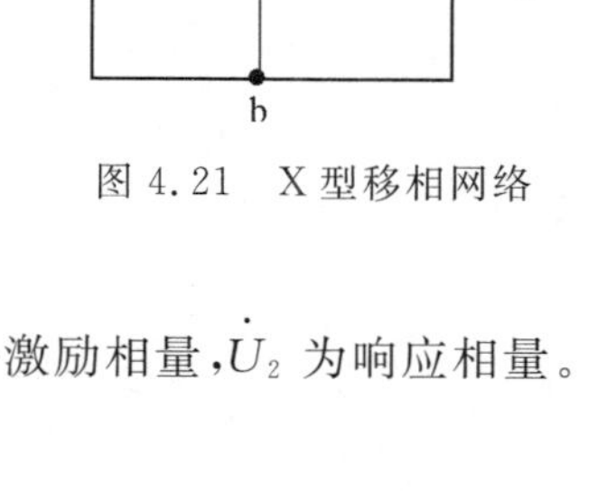

图 4.21　X 型移相网络

图 4.21 是由 RC 组成的 X 型移相网络，$\dot{U}_1$ 为激励相量，$\dot{U}_2$ 为响应相量。

由图 4.21 可得到

$$\dot{U}_2=\frac{1}{2}\dot{U}_1-\frac{\frac{1}{\mathrm{j}\omega C}}{R_x+\frac{1}{\mathrm{j}\omega C}}\dot{U}_1=\frac{1}{2}\,\frac{\omega CR_x+\mathrm{j}}{\omega CR_x+\mathrm{j}}\dot{U}_1 \tag{4-32}$$

频率特性

$$H(\mathrm{j}\omega)=\frac{\dot{U}_2}{\dot{U}_1}=\frac{1}{2}\frac{\omega CR_x+\mathrm{j}}{\omega CR_x+\mathrm{j}} \tag{4-33}$$

幅频特性

$$|H(\mathrm{j}\omega)|=\frac{1}{2}$$

是个常数，不随频率变化。

相频特性

$$\varphi(\omega)=2\arctan\frac{1}{\omega CR_x} \tag{4-34}$$

可见，当 ω 从 0 变到 ∞，$\varphi(\omega)$ 将从 180° 变到 0°。同时，也可调节电位器 R_x，使相位差发生变化。

三、实验内容及步骤

设计一个移相电路，移相器输入电压的幅度在 0～1 V 内选择，频率为 2 kHz，要求移相器的输出电压的幅度不变或衰减在 50％之内，输出电压对于输入电压的相移在 5°～180° 范围内连续可调。设计完成后，进行安装并调试其性能是否满足规定要求。

四、实验报告要求

(1) 写出设计、测试过程。
(2) 分析测试结果与计算结果之间的误差原因。
(3) 写出实验心得体会。

附 录

附录A DGJ—03型电工技术实验台

DGJ—03型电工技术实验台是由浙江杭州天煌电器设备厂生产的一种多功能电工实验台，利用它可以完成绝大多数电路基础实验。由于它集成了电路实验所需的各种电源、测量仪表、信号源、备用元件以及几种典型的实验电路，因此，它是一种使用较方便的实验设备。下面对这种设备作一个简单的介绍。

一、电源控制及指示部分

这一部分为整个实验台各部分及实验电路供电。当打开电源总开关，按下启动按钮时，各部分电源以及指示、测量仪表均处于等待工作状态。

1. 单相、三相调压输出

U_1，V_1，W_1三端输出电压为电网线电压380 V，U，V，W为调压器输出端，其输出电压可通过调节实验台左下侧的调压器来改变，N为中性线端子。在电源总开关下面，有一个电压指示切换开关，利用该开关的控制，可通过最上面三块仪表指示调压前和调压后电压大小。

2. 电压源

输出直流稳压电压，分固定输出和可调输出。

当电压指示切换开关被扳到“可调输出”时，打开直流稳压电源开关，通过粗调和微调旋钮可以调节输出电压。输出电压由该部分“＋”“－”两个端子输出。

当电压指示切换开关扳向“固定输出”时，可输出6 V或12 V电压，输出电压由该部分“＋”“－”两个端子输出。

3. 电流源

电流源可以输出恒定电流。通过粗调和微调旋钮可调节输出电流大小，输出电流由面板上的电流表指示。调节时，输出端不应开路而应接一负载，构成回路，这样才有电流输出。

注意：对电压源、电流源进行调节时，应当借助标准电表边测量边调节，不可依赖指示仪表，因为它们的指示值精度很低。

4. 函数信号发生器

该信号发生器的信号输出有两个端口，A口和B口。

A口输出：正弦波、三角波、锯齿波。其输出信号幅度可通过调节旋钮调节，调节范围为15 mV～17.0 V(峰-峰值)。

B口输出：矩形波、四脉方波、八脉方波。其输出幅度可按控制键盘上的“B口/B↑”或“B口/B↓”来调节，输出幅度范围为1～3.8 V(峰-峰值)。

以上几种波形的选择方法是：先在“输出波形选择、参数设定”键盘上选择输出端口，再按

"波形"键选择所需波形。

输出信号的频率由键盘上"粗"、"中"、"细"两组共六个键来调节，其中，"↑"表示频率升高，"↓"表示频率降低。

二、实验箱及元件箱

实验箱包括基础实验电路和交流实验电路。其中，基础实验电路有叠加原理、戴维南定理、双口网络、一阶二阶电路、选频网络、谐振电路、四种受控电源实验电路等。交流实验电路有单相、三相负载电路、30 W 日光灯实验电路、变压器、互感器等电路。该部分有三组独立灯组，可连接成 Y 或△两种负载电路。

元件箱上已焊接有实验可能用到的多种元件：电阻、二极管、电感、电容、电位器。

这些元件可通过其两端的插孔用导线连接到电路中。最下方还有一个十进制可变电阻箱，最大阻值为 99 999.9 Ω，额定功率为 2 W。

三、测量用仪器仪表

测量用仪器仪表分别位于实验台的中间最上边和实验台右边，这部分包括交流电流表、交流电压表、数字式直流电压表、数字式直流毫安表、数字式直流安培表、数字式功率表和数字式交流毫伏表。

交流电压表在使用时要注意选择合适的量程，并要正确读数。

数字式直流电压(或电流)表在使用时，应将红色开关按键弹上来，然后选择合适的量程。若量程太小，电表将显示"1"，须重新选择量程。测量时，红色端子接高电位，黑色端子接低电位。若接反，则显示的数字前面有一个"－"号，该符号表示通过电表的电流方向与假定方向相反。

数字式功率表在使用时，其接线方法与指针式功率表相同，即电流线圈与被测电路串联，电压线圈与被测电路并联。测量结果直接由显示屏上读出，其电流线圈通过的最大电流为 5 A，电压线圈所承受的最大电压为 450 V。

同时，利用该表下面的功能按键的转换，该功率表还可以测功率因数。测量结果前面显示"L"，表示被测电路阻抗呈感性；显示"C"，表示被测电路阻抗呈容性；对纯电阻电路不显示。

附录 B　MOS—620　20 MHz 示波器使用说明

一、CRT 显示屏

(1)LINTEN：轨迹及光点亮度控制钮。

(2)FOCUS：轨迹聚焦调整钮。

(3)TRACE ROTATION：使水平轨迹与刻度线成平行的调整钮。

(4)POWER：电源主开关，压下此钮可接通电源，电源指示灯 5 会发亮；再按一次，开关凸起时，切断电源。

二、VERTICAL 垂直偏向

(5)VOLTS/DIV：垂直衰减选择钮，以此钮选择 CH1 及 CH2 的输入信号衰减幅度，范围为 5 mV/DIV～5 V/DIV，共 10 挡。

(6)AC－GND－DC：输入信号耦合选择按键组。

AC：垂直输入信号电容耦合，截止直流或极低频信号输入。

GND：按下此键则隔离信号输入，并将垂直衰减器输入端接地，使之产生一个零电压参考信号。

DC：垂直输入信号直流耦合，AC 与 DC 信号一起输入放大器。

(7)CH1(X)输入：CH1 的垂直输入端；在 X－Y 模式中，为 X 轴的信号输入端。

(8)VARIABLE：灵敏度微调控制，至少可调到显示值的 1/2.5。在 CAL 位置时，灵敏度即为挡位显示值。当此旋钮拉出时(5MAG 状态)，垂直放大器灵敏度增加 5 倍。

(9)CH2(Y)输入：CH2 的垂直输入端；在 X－Y 模式中，为 Y 轴的信号输入端。

(10)POSITION：轨迹及光点的垂直位置调整钮。

(11)VERT MODE：CH1 及 CH2 选择垂直操作模式。

CH1：设定本示波器以 CH1 单一频道方式工作。

CH2：设定本示波器以 CH2 单一频道方式工作。

DUAL：设定本示波器以 CH1 及 CH2 双频道方式工作，并可切换 ALT/CHOP 模式来显示两轨迹。

ADD：用以显示 CH1 及 CH2 的相加信号；当 CH2 INV 键为压下状态时，即可显示 CH1 及 CH2 的相减信号。

(12)CH1&CH2：调整垂直直流平衡点。

(13)ALT/CHOP：在双轨迹模式下，放开此键，则 CH1&CH2 以交替方式显示(一般用于较快速的水平扫描)。在双轨迹模式下，按下此键，则 CH1&CH2 以切割方式显示(一般用于较慢速的水平扫描)。

(14)CH2 INV：此键按下时，CH2 的信号将会被反向。CH2 输入信号于 ADD 模式时，CH2 触发截选信号门(Trigger Signal Pickoff)亦会被反向。

三、TRIGGER 触发

(15)SLOPE：触发斜率选择键。

＋：凸起时为正斜率触发，当信号正向通过触发准位时进行触发。

—：压下时为负斜率触发，当信号负向通过触发准位时进行触发。

(16)EXT TRIG. IN：TRIG. IN 输入端子，可输入外部触发信号。欲用此端子时，须先将 SOURCE 选择器置于 EXT 位置。

(17)TRIG. ALT：触发源交替设定键。当 VERT MODE 选择器在 DUAL 或 ADD 位置，且 SOURCE 选择器置于 CH1 或 CH2 位置时，按下此键，本仪器即会自动设定 CH1 与 CH2 的输入信号，以交替方式轮流作为内部触发信号源。

(18)SQURCE：内部触发源信号及外部 EXT TRIG. IN 输入信号选择器。

CH1：当 VERT MODE 选择器在 DUAL 或 ADD 位置时，以 CH1 输入端的信号作为内部触发源。

CH2：当 VERT MODE 选择器也在 DUAL 或 ADD 位置时，以 CH2 输入端的信号作为内部触发源。

LINE：将 AC 电源线频率作为触发信号。

EXT：将 TRIG. IN 端子输入的信号作为外部触发信号源。

(19)TRIGGER MODE：触发模式选择开关。

AUTO：当没有触发信号或触发信号的频率小于 25 Hz 时，扫描会自动产生。

NORM：当没有触发信号时，扫描将处于预备状态，屏幕上不会显示任何轨迹。本功能主要用于观察 25 Hz 的信号。

TV－V：用于观测电视信号的垂直画面信号。

TV－H：用于观测电视信号的水平画面信号。

(20)LEVEL：触发准位调整钮，旋转此钮使波形同步，并设定该波形的起始点。将旋钮向“＋”方向旋转，触发准位会向上移；将旋钮向“－”方向旋转，则触发准位向下移。

四、水平偏向

(21)TIME/DIV：扫描时间选择钮，扫描范围从 0.2 S/DIV 到 0.5 S/DIV 共 20 个挡位。X－Y：设定为 X－Y 模式。

(22)SWP. VAR：扫描时间的可变控制旋钮。若按下此键，并旋转此控制钮，扫描时间可延长至少为指示数值的 2.5 倍；若该键未压下，则指示数值将被校准。

(23)10MAG：水平放大键，按下此键可将扫描放大 10 倍。

(24)POSITION：轨迹及光点的水平位置调整旋钮。

五、其他功能

(25)CAL($2V_{p\text{-}p}$)：此端子会输出一个 $2V_{p\text{-}p}$，1 kHz 的方波，用以校正测试棒及检查垂直偏向的灵敏度。

(26)GND：本示波器接地端子。

六、后面板说明

(27)Z AXIS INPUT：Z 轴输入端子，此输入端的信号将作为外接亮度调整信号。

(28)CH1 OUTPUT：CH1 输出端，以大约 20 mV/DIV 的电压输出 CH1 信号，此输出信号可作为计频器的输入信号源或其他用途。

附录 C　MF—47 型万用电表使用说明

一、概述

MF—47 型万用表是设计新颖的磁电系整流式多量限万用电表，可测量直流电流、交直流电压、直流电阻等，具有 26 个基本量程和电平、电容、电感、晶体管直流参数等 7 个附加参考量程。

二、结构特征

MF—47 型万用电表具有良好的电气性能和机械强度，其使用范围可替代一般中型万用电表，具有以下特点：

(1)测量机构采用硅二级管保护，保证电流过载时不损坏表头，线路中设有 0.5 A 保险丝装置以防止误用时烧坏电路。

(2)设计上考虑了温度和频率补偿，使温度影响小，频率范围宽。

(3)低电阻挡选用 2 号干电池，容量大、寿命长。2 号电池装于盒内，换电池时只需卸下电池盖板，不必打开表盒。

(4)设计了一挡晶体管静态直流放大系数检测装置，以供在临时情况下检查三极管之用。

(5)标度盘与开关指示盘印制成红、绿、黑三色。颜色分别按交流红色、晶体管绿色、其余黑色对应制成，使用时读取示数便捷。标度盘共有六条刻度：第一条专供测电阻用；第二条供测交、直流电压和直流电流之用；第三条供测晶体管放大倍数用；第四条供测量电容之用；第五条供测电感之用；第六条供测音频电平用。标度盘上装有反光镜，以消除视差。

(6)除交、直流 2 500 V 和直流 5 A 分别有单独插座之外，其余各挡只须转动一个选择开关，使用方便。

三、使用方法及注意事项

(1)在使用前应检查指针是否指在机械零位上，如不指在零位，可旋转表盖上的调零器使指针指示在零位上。

(2)将测试笔红、黑插头分别插入“＋”“－”插座中，如测量交、直流 2 500 V 或直流 5 A，红插头则应分别插到对应的插座中。

(3)测未知量的电压或电流时，应先选择最高量程，待第一次读取数值后，方可逐渐转至适当量程，以取得较准读数并避免烧坏电路。

(4)测量前，应用测试笔触碰被测试点，同时观看指针的偏转情况。如果指针急剧偏转并超过量程或反偏，应立即抽回测试笔，查明原因，予以改正。

(5)测量高压时，要站在干燥绝缘板上，并一手操作，防止意外事故发生。

(6)测量高压或大电流时，为避免烧坏开关，应在切断电源情况下，变换量限。

(7)如偶然发生因过载而烧断保险丝，可打开表盒换上相同型号的保险丝。

(8)电阻各挡用干电池应定期检查、更换，以保证测量精度。如长期不用，应取出电池，以防止电液溢出腐蚀而损坏其他零件。

四、测量方法

1. 直流电流测量

测量 0.05～500 mA 电流时，转动开关至所需电流挡。测量 5 A 电流时，红表笔插头插到对应的插座中，转动开关可放在 500 mA 直流电流量程上，而后将测试笔串接于被测电路中。

注意：严禁用电流挡去测量电压。

2. 交直流电压测量

(1)测量交流 10～1 000 V 或直流 0.25～1 000 V 时，转动开关至所需电压挡。测量交、直流 2 500 V 时，开关应分别旋至交流 1 000 V 或直流 1 000 V 位置上，红表笔插头插到对应的插座中，而后将测试笔跨接于被测电路两端。

(2)若配以本厂高压探头，则可测量电视机小于或等于 25 kV 的高压。测量时，开关应放在 50 A 位置上，高压探头的红、黑插头分别插入"+""−"插座中，接地夹与电视机金属底板连接，而后握住探头进行测量。

注意：测量直流电压时，黑色测试笔应接低电位点，红色测试笔应接高电位点。

3. 直流电阻测量

(1)装上电池(R14 型 2 号 1.5 V 及 6F22 型 9 V 各一只)。转动开关至所需测量的电阻挡，将两测试笔短接，调整零欧姆调整旋钮，使指针对准于欧姆"0"位上，然后分开测试笔进行测量。

(2)万用表的电阻挡分为 $R\times1$，$R\times10$，$R\times1\text{k}$ 等几挡位置。刻度盘上的刻度只有一行，其中 $R\times1$，$R\times10$，$R\times1\text{k}$ 等数值即为电阻挡的倍率。

例如：转换开关旋在 $R\times1\text{k}$ 位置，测试笔外接一被测电阻 R_x，这时指针若指着刻度盘上的 30，则 $R_x=30\times1\text{k}=30\ \text{k}\Omega$。

(3)测量电路中的电阻时，应先切断电源。如电路中有电容，则应先行放电。严禁在带电线路上测量电阻，因为这样做实际上是把欧姆表当做电压表使用，极易使电表烧毁。

(4)每换一个量限，应重新调零。测量电阻时，表头指针越接近欧姆刻度中心读数，测量结果越准确，所以要选择适当的测量量限。

(5)当检查电解电容器漏电电阻时，可转动开关至 $R\times1\text{k}$ 挡，红测试笔必须接电容器负极，黑测试笔接电容器正极。

4. 电容测量

转动开关至交流 10 V 位置，被测电容串接于任一测试笔，而后跨接于 10 V 交流电压电路中进行测量。

5. 电感测量

与电容测量方法相同。

6. 晶体管直流参数的测量

(1)直流放大倍数 h_{FE} 的测量。先转动开关至晶体管调节 ADJ 位置上，将红、黑测试笔短接，调节欧姆电位器，使指针对准 $300h_{FE}$ 刻度线上，然后转动开关到 h_{FE} 位置，将要测的晶体管脚分别插入晶体管测试座的 ebc 管座内，指针偏转所示数值约为晶体管的直流放大倍数值。N 型晶体管应插入 N 型管孔内，P 型晶体管应插入 P 型管孔内。

(2)反向截止电流的测量。反向截止电流为集电极与发射极间的反向截止电流(基极开路)。转动开关至 $R\times1\text{k}$ 挡，将两测试笔短路，调节零欧姆电位器，使指针对准零欧姆上(此时满度电流值约 90 A)。分开测试笔，然后将欲测的晶体管按附图 C.1 所示插入管座内，此时指针指示的数值约为晶体管的反向截止电流值。指针指示的刻度值乘上 1.2 即为实际值。

当电流值大于 90 A 时，可换用 $R\times100$ 挡进行测量(此时满度电流值约为 900 A)。N 型晶体管应插入 N 型管座，P 型晶体管应插入 P 型管座。

(3)三极管管脚极性的辨别，可用 $R\times1\text{k}$ 挡进行。

1)先判定基极 b。由于 b 到 c，b 到 e 分别是两个 PN 结，它的反向电阻很大，而正向电阻很小。测试时可任意取晶体管一脚假定为基极。将红测试笔接"基极"，黑测试笔分别去接触另两个管脚，如此时测得都是低阻值，则红测试笔所接触的管脚即为基极 b，并且是 P 型管（如用上述方法测得均为高阻值，则为 N 型管）。如测量时两个管脚的阻值差异很大，可另选一个管脚为假定基极，直至满足上述条件为止。

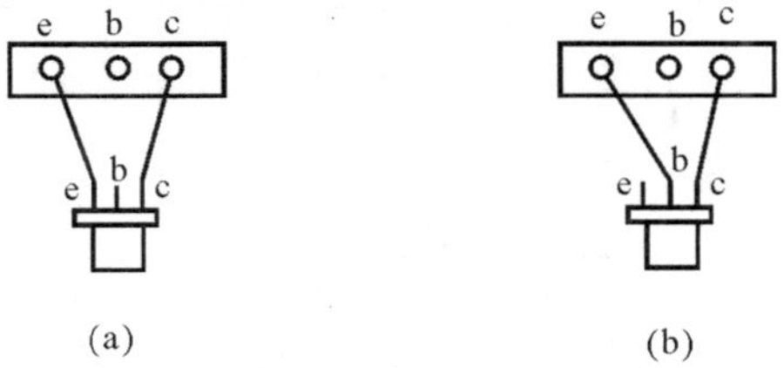

附图 C.1　反向截止电流的测量

2）再判定集电极 c。对于 PNP 型三极管，当集电极接负电压，发射极接正电压时，电流放大倍数才比较大，而 NPN 型管则相反。测试时，假定红测试笔接集电极 c，黑测试笔接发射极 e，记下其阻值；而后红、黑测试笔交换测试，将测得的阻值与第一次阻值相比，阻值小时的红测试笔接的是集电极 c，黑测试笔接的是发射极 e，而且可以判断是 P 型管（N 型管则相反）。

（4）二极管极性判别。

测试时选 $R\times1$k 挡，黑测试笔一端测得阻值小的一极为正极。

万用表在欧姆电路中，红测试笔为电池负极，黑测试笔为电池正极。

注意：以上介绍的测试方法，一般都只能用 $R\times100$，$R\times1$k 挡。如果用 $R\times10$k 挡，则因表内有 15 V 的较高电压，可能将二极管的 PN 结击穿。若用 $R\times1$ 挡测量，因电流过大（约 60 mA），也可能损坏管子。

附录 D　电阻器的标称值、精度及色环标志法

色环标志法是用不同颜色的色环在电阻器表面标称阻值和允许偏差。

1. 两位有效数字的色环标志法

普通电阻器用四条色环表示标称阻值和允许偏差，其中三条色环表示阻值，一条色环表示偏差，如附图 D.1 所示，说明见表 D.1。

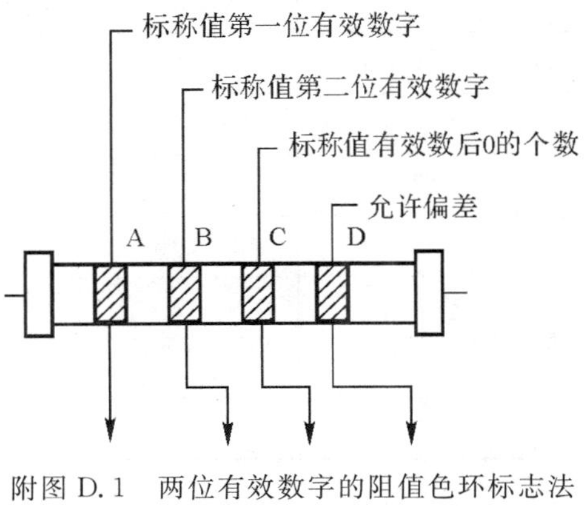

附图 D.1　两位有效数字的阻值色环标志法

表 D.1　两位有效数字的阻值色环标志法

颜色	第一位有效数字	第二位有效数字	倍率	允许偏差
黑	0	0	10^0	
棕	1	1	10^1	
红	2	2	10^2	
橙	3	3	10^3	
黄	4	4	10^4	
绿	5	5	10^5	
蓝	6	6	10^6	
紫	7	7	10^7	
灰	8	8	10^8	
白	9	9	10^9	+50%,−20%
金			10^{-1}	±5%
银			10^{-2}	±10%
无色				±20%

2. 三位有效数字的色环标志法

精密电阻器用五条色环表示标称阻值和允许偏差，如附图 D.2 所示，说明见表 D.2。

表 D.2　三位有效数字的阻值色环标志法

颜色	第一位有效数字	第二位有效数字	第三位有效数字	倍率	允许偏差
黑	0	0	0	10^0	
棕	1	1	1	10^1	±1%
红	2	2	2	10^2	±2%
橙	3	3	3	10^3	
黄	4	4	4	10^4	
绿	5	5	5	10^5	±0.5%
蓝	6	6	6	10^6	±0.25%
紫	7	7	7	10^7	±0.1%
灰	8	8	8	10^8	
白	9	9	9	10^9	
金				10^{-1}	
银				10^{-2}	

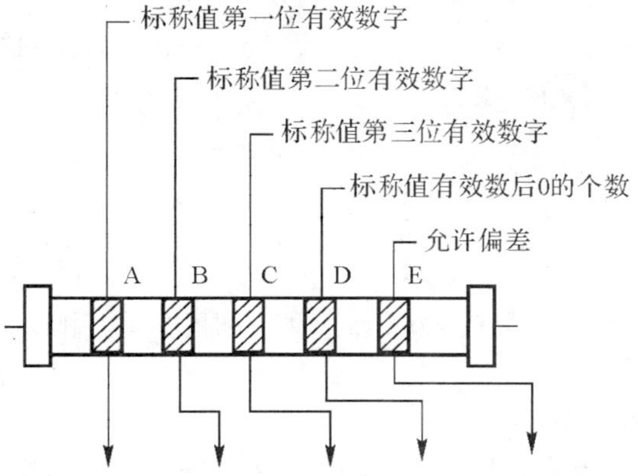

附图 D.2　三位有效数字的阻值色环标志法

例如，色环 A 为红色，B 为黄色，C 为棕色，D 为金色(见附图 D.3(a))，则该电阻标称值为 $24\times10^{1}=240\ \Omega$，精度为 $\pm5\%$。

又如，色环 A 为蓝色，B 为灰色，C 为黑色，D 为橙色，E 为紫色(见附图 D.3(b))，则该电阻标称值为 $680\times10^{3}=680\ \text{k}\Omega$，精度为 $\pm0.1\%$。

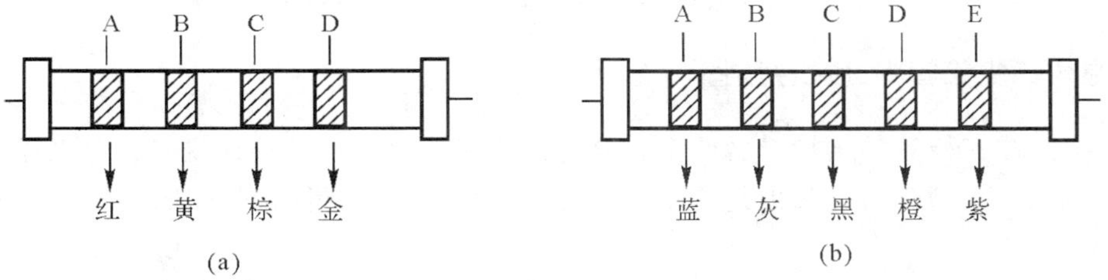

图 D.3　色环标志电阻

附录 E　用万用表检测常用电子元器件

用万用表可以对晶体二极管、三极管、电阻、电容等进行粗测。万用表电阻挡等效电路如附图 E.1 所示，其中，R_0 为等效电阻，E_0 为表内电池。当万用表处于 $R\times1$，$R\times100$，$R\times1$ k 挡时，一般 $E_0=1.5$ V；而处于 $R\times10$ k 挡时，$E_0=15$ V。测试电阻时要记住，红表笔接在表内电池负端(表笔插孔标"+"号)，而黑表笔接在正端(表笔插孔标以"−"号)。

一、晶体二极管管脚极性、质量的判别

晶体二极管由一个 PN 结组成，具有单向导电性，其正向电阻小(一般为几百欧)而反向电阻大(一般为几十千欧至几百千欧)，利用此点可进行判别。

1. 管脚极性判别

将万用表拨到 $R\times100$(或 $R\times1$ k)的欧姆挡，把二极管的两只管脚分别接到万用表的两根测试笔上，如附图 E.2 所示。如果测出的电阻较小(约几百欧)，则与万用表黑表笔相接的一端是正极，另一端就是负极。相反，如果测出的电阻较大(约百千欧)，那么与万用表黑表笔相连接的一端是负极，另一端就是正极。

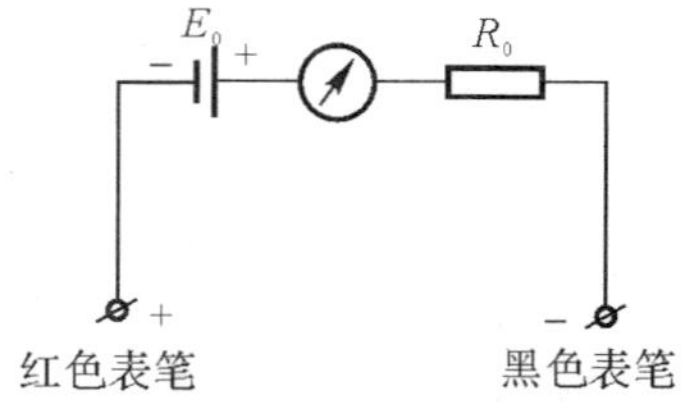

附图 E.1 万用表电阻挡等效电路

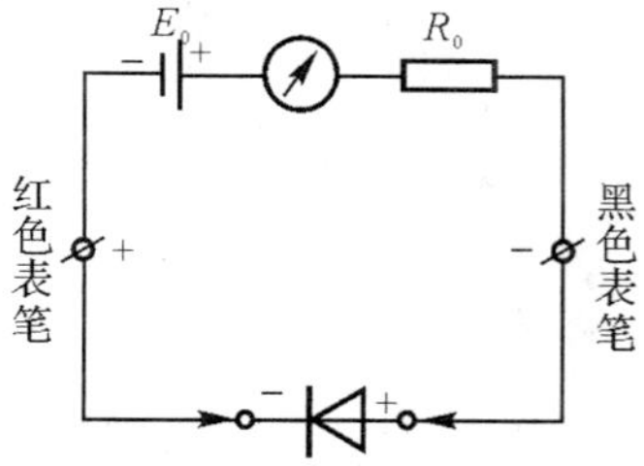

附图 E.2 判断二极管极性

2. 判别二极管质量的好坏

一个二极管的正、反向电阻差别越大，其性能就越好。如果双向阻值都较小，说明二极管质量差，不能使用；如果双向阻值都为无穷大，则说明该二极管已经断路；如果双向阻值均为零，说明二极管已被击穿。

利用数字万用表的二极管挡也可判别正、负极，此时红表笔（插在“V·Ω”插孔）带正电，黑表笔（插在“COM”插孔）带负电。用两支表笔分别接触二极管的两个电极，若显示值在 1 V 以下，说明管子处于正向导通状态，红表笔接的是正极，黑表笔接的是负极。若显示溢出符号“1”，表明管子处于反向截止状态，黑表笔接的是正极，红表笔接的是负极。

二、晶体三极管管脚、质量判别

可以把晶体三极管的结构看做两个背靠背的 PN 结，对 NPN 型来说基极是两个 PN 结的公共阳极，对 PNP 型管来说基极是两个 PN 结的公共阴极，如附图 E.3 所示。

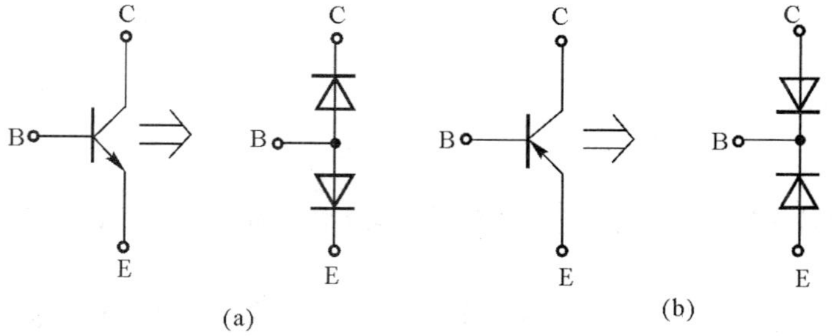

附图 E.3 晶体三极管结构示意图

(a)NPN 型； (b)PNP 型

1. 管型与基极的判别

万用表置电阻挡，量程选 $R\times1\text{k}$ 挡（或 $R\times100$），将万用表任一表笔先接触某一个电极——假定的公共极，另一表笔分别接触其他两个电极。若两次测得的电阻均很小（或均很大），则前者所接电极就是基极；若两次测得的阻值一大一小，相差很多，则前者假定的基极有错，应更换其他电极重测。

根据上述方法，可以找出公共极，该公共极就是基极 B。若公共极是阳极，该管属 NPN 型管，反之则是 PNP 型管。

2. 发射极与集电极的判别

为使三极管具有电流放大作用，发射极需加正偏置，集电极加反偏置，如附图 E.4 所示。

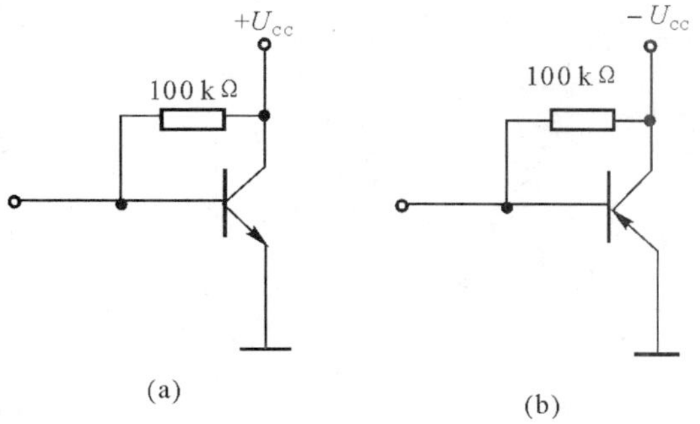

附图 E.4　晶体三极管的偏置情况

(a)NPN 型；　(b)PNP 型

在三极管基极 B 确定后，便可判别集电极 C 和发射极 E，同时还可以大致了解穿透电流 I_{CEO}和电流放大系数 β 的大小。

以 PNP 型管为例，若用红表笔(对应表内电池的负极)接集电极 C，黑表笔接 E 极(相当于 C，E 极间电源正确接法)，如附图 E.5 所示，这时万用表指针摆动很小，它所指示的电阻值反映管子穿透电流 I_{CEO}的大小(电阻值大，表示 I_{CEO}小)。如果在 C，B 间跨接一只 $R_B=100\ k\Omega$ 电阻，此时万用表指针将有较大摆动，它指示的电阻值较小，反映了集电极电流 $I_C=I_{CEO}+\beta I_B$ 的大小。电阻值减小愈多，表示 β 愈大。如果 C，E 极接反(相当于 C，E 间电源极性反接)，则三极管处于倒置工作状态，此时电流放大系数很小(一般小于 1)，于是万用表指针摆动很小。因此，比较 C，E 极两种不同电源极性接法，便可判断 C 极和 E 极了，同时还可大致了解穿透电流 I_{CEO}和电流放大系数 β 的大小。如果万用表上有 h_{FE}插孔，可利用 h_{FE}来测量电流放大系数 β。

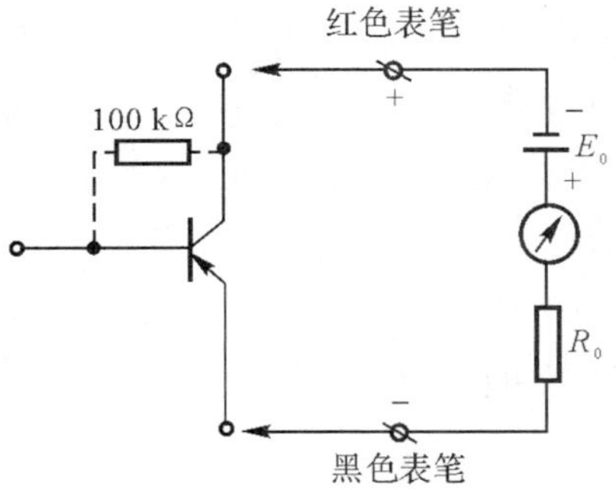

附图 E.5　晶体三极管集电极 C、发射极 E 的判别

三、检查整流桥堆的质量

整流桥堆是把四只硅整流二极管接成桥式电路，再用环氧树脂(或绝缘塑料)封装而成的半导体器件。桥堆有交流输入端(A，B)和直流输出端(C，D)，如附图 E.6 所示。采用判定二极管的方法可以检查桥堆的质量。从附图 E.6 可看出，交流输入端 A，B 之间总会有一只二极管处于截止状态，使 A，B 间总电阻趋向于无穷大。直流输出端 D，C 间的正向压降则等于两只硅二极管的压降之和。因此，用数字万用表的二极管挡测 A，B 的正、反向电压时均显示溢出，而测 D，C 间时显示大约 1 V，即可证明桥堆内部无短路现象。如果有一只二极管已经击

穿短路，那么测 A、B 间的正、反向电压时，必定有一次显示 0.5 V 左右。

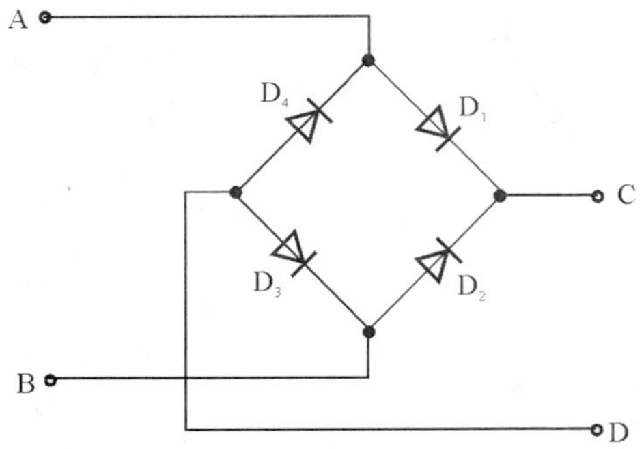

附图 E.6　整流桥堆管脚及质量判别

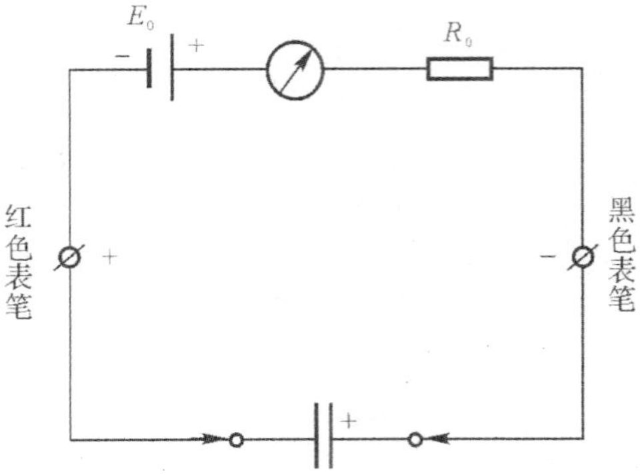

附图 E.7　电容的测量

四、电容的测量

电容的测量，一般应借助于专门的测试仪器，通常用电桥，而用万用表仅能粗略地检查一下电解电容是否失效或漏电情况。

测量电路如附图 E.7 所示。

测量前应先将电解电容的两个引出线短接一下，使其上所充的电荷释放。然后将万用表置于 $R\times1\text{k}$ 挡，并将电解电容的正、负极分别与万用表的黑表笔、红表笔接触。在正常情况下，可以看到表头指针先是产生较大偏转（向零欧姆处），以后逐渐向起始零位（高阻值处）返回。这反映了电容器的充电过程，指针的偏转反映电容器充电电流的变化情况。

一般说来，表头指针偏转愈大，返回速度愈慢，则说明电容器的容量愈大。若指针返回到接近零位（高阻值），说明电容器漏电阻很大，指针所指示电阻值，即为该电容器的漏电阻。对于合格的电解电容器而言，该阻值通常在 500 kΩ以上。电解电容在失效时（电解液干涸，容量大幅度下降），表头指针偏转很小，甚至不偏转。已被击穿的电容器，其阻值接近于零。

对于容量较小的电容器（云母、瓷质电容等），原则上也可以用上述方法进行检查，但由于电容量较小，表头指针偏转也很小，返回速度又很快，实际上难以对它们的电容量和性能进行鉴别，仅能检查它们是否短路或断路，这时应选用 $R\times10\text{k}$ 挡测量。

参考文献

［1］ 王斌．电路实验．西安：西北工业大学出版社，2003．

［2］ 张永瑞，程增熙，高建宁．电路分析基础实验与题解．西安：西安电子科技大学出版社，2007．

［3］ 韦宏利，张荷芳．电路分析实验．西安：西北工业大学出版社，2005．

［4］ 黄品高．电路分析基础实验设计仿真．西安：西安电子科技大学出版社，2008．

［5］ 范世贵，冯晓毅．电路分析基础．西安：西北工业大学出版社，2006．

［6］ 赵桂钦．电路分析基础教程与实验．北京：清华大学出版社，2008．

［7］ 任姝婕．电路分析实验、仿真与实训．北京：机械工业出版社，2011．